适老化产品与服务创新设计研究

郑建楠　著

吉林文史出版社

图书在版编目（CIP）数据

适老化产品与服务创新设计研究 / 郑建楠著. —— 长春 : 吉林文史出版社, 2023.8

ISBN 978-7-5472-9662-2

Ⅰ. ①适… Ⅱ. ①郑… Ⅲ. ①老年人—产品设计—研究②老年人—社会服务—研究 Ⅳ. ①TB472②C913.6

中国国家版本馆CIP数据核字(2023)第162134号

适老化产品与服务创新设计研究

SHILAOHUA CHANPIN YU FUWU CHUANGXIN SHEJI YANJIU

著　　者：郑建楠
责任编辑：高丹丹
封面设计：万典文化
出版发行：吉林文史出版社有限责任公司
电　　话：0431-81629369
地　　址：长春市福祉大路出版集团 A 座
邮　　编：130117
网　　址：WWW.jlws.com.cn
印　　厂：北京四海锦诚印刷技术有限公司
开　　本：170mm×240mm 1/16
印　　张：10.25
字　　数：235 千字
版　　次：2023 年 8 月第 1 版 2024 年 4 月第 1 次印刷
书　　号：ISBN 978-7-5472-9662-2
定　　价：78.00 元

前　言

我国老年人口规模大、增长速度快，而传统居家养老为主的养老方式因难以产业化而发展缓慢，且随着社会的发展，日益增多的"4+2+1"家庭人口结构使传统居家养老的基础已发生变化，家庭养老功能逐渐弱化，迫切需要在居家养老基础上寻求一种能够大规模、低成本解决养老难题的办法和路径。随着老龄化程度的日益加深和高龄化的来临，养老逐渐变成全社会的压力。受传统养老观念的影响和我国生产力水平的制约，家庭在老年人的养老过程中还发挥着主导作用，家庭养老仍是目前老年人的主要养老方式。但由于现代家庭结构和生活方式的变化，家庭的养老功能日益弱化。鉴于目前在我国，家庭养老还居于主导地位，但其养老功能又受到挑战，同时就我国而言，机构养老资源始终是只能解决极少数老年人的养老问题，因此，以社区为依托的居家养老便成为中国现阶段的新型养老方式。

适老化，一般指在建设设计、公共设施（商城、医院、学校等）建设、居家环境装修等方面的适老化，包括实现无障碍设计、引入急救系统等。其目的是满足进入老年生活的人群的生活及出行需求，保障老年人的安全。如今各类智能技术的普及和应用给老年群体带来了一些困惑，诸如相关智能化产品操作烦琐、复杂、难以掌握等。科技适老化产品是从老年客户角度出发，适合老年人需求的产品或服务，注重老年人的感知能力、认知能力特性，同时利用智能硬件、云计算、物联网、人工智能等新兴技术为其赋能，更大限度地去帮助老年人，为其日常生活和出行提供尽可能的便利，提高生活质量和幸福指数，提升社会参与度，使人—产品—社会的关系更加和谐与融洽。

"适老化"不仅意味着满足并解决老年人基本照护与养老问题，还应从生理机能、心理特征、生活方式、行为特点、社会状态等多方面对老年群体进行关注。本书以适老化产品和服务为研究对象，从生理和心理两方面对老年群体的行为特征进行基础性的研究，为进一步挖掘我国老年人在养老活动中的适老化设计夯实基础，围绕多通道理论和产品交互设计理论对养老活动中的适老化产品设计展开实践研究；同时对适老化居住空间做出分析，提出既有适老化产品设计研究、适老化服务与智慧养老服务和"互联网+"居家养老体系建设的思路，并对适老产品的未来做了展望以及商业模式做了论述，以期为居家老年人提供专业智能、实时高效、低成本的产品和服务。

目　录

第一章　适老化产品设计概述................................001

　　第一节　人口老龄化发展现实..........................001

　　第二节　适老化环境建设研究..........................005

　　第三节　适老化需求和供给特征........................008

　　第四节　适老产品设计理论与方法......................012

第二章　老年人的基本特征................................023

　　第一节　老年人生理特征分析..........................023

　　第二节　老年人心理特征分析..........................027

第三章　现代产品设计中的适老化研究......................037

　　第一节　中国老年人居家养老产品人—机—环系统研究......037

　　第二节　居家适老化多功能床的模块化设计研究..........050

　　第三节　居家适老化多功能床产品设计与研发............054

第四章　信息交互设计中的适老化研究......................063

　　第一节　多通道理论及产品交互设计概述................063

　　第二节　基于视觉选择性注意的信息交互设计适老化研究....071

　　第三节　基于用户需求的信息交互设计适老化研究........080

第五章　适老化产品设计研究............................... 090

　　第一节　家居产品适老化设计........................... 090

　　第二节　小家电产品适老化设计....................... 094

　　第三节　汽车中控人机界面适老化设计............... 104

第六章　适老化服务与智慧养老服务................... 120

　　第一节　适老化服务内容............................... 120

　　第二节　智慧养老....................................... 138

参考文献... 155

第一章 适老化产品设计概述

第一节 人口老龄化发展现实

我国老龄化呈现如下几个特点:第一,老年人口规模大,自1999年我国步入老龄化社会以来,人口老龄化日益加剧,整体呈现老年人口基数大、增长快并日益高龄化、空巢化趋势。第二,老龄化速度加快,高龄化趋势明显。从人口结构分析,我国人口老龄化已经打开了快速增长通道。第三,全国各地区老龄化情况差异较大,上海1979年进入了老年型社会,青海等西部地区到2010年才相继进入,时间跨度达30年。第四,养老保障体系和养老服务相对滞后,跟不上老龄化发展步伐。

理论研究与社会现实表明,老龄化对社会和经济方面的影响是深远的,它不仅对老年人个人及其家庭产生影响,而且涉及更广泛的社会层面,这种影响不仅是压力、是挑战,同时也是一种机遇。

继2006年首次提出"养老服务业"的概念之后,2011年首次把建设社会养老服务体系列入老龄事业专项规划范围。乡镇敬老院提档升级改造,县级实现失能老人照护中心数量达标,超过50%以上的农村社区建起了养老服务设施。我国老年扶养比已经连续多年上升,所谓老年扶养比,指的是65周岁以上的老年人口数量和劳动年龄人口数量之比,能一定程度上反映人口老龄化的严重程度。

我国当前的养老产业发展城乡差异比较明显,农村养老更需要去补充短板。未来的养老服务网络将按照县、乡、村三级进行逐步落实,以此促进区域养老服务中心、互助养老设施、日间照料中心的建设,不断完善基层养老服务能力。

20世纪60年代出生高峰期的"60后"群体已步入老年阶段,独生子女的父母将成为老年人群的重要组成部分,其消费理念、消费能力、需求格局将发生明显变化,对居家照料、康复护理、心理慰藉、安宁疗护等服务需求将不断增加，中国老龄产业的发展将迎来重大历史机遇期。

按照中央的相关部署，政府更多的资源将投向基本养老服务，"保基本""兜底线"是政府的基本职责，将来养老服务将变成一部分由政府主导、一部分以市场来调节，以前养老服务就是养老服务，现在要注重分类高质量发展。

基本养老服务属于基本公共服务，也是以政府为主导推行的养老服务。实现全体老年人享有基本养老服务，是促进老有所养、老有所依的重要方面，也是中国特色养老服务体系的重要内容。

建立基本养老服务体系是新时期养老服务工作的重点。为贯彻落实党中央、国务院的有关部署，民政部将研究制定基本养老服务体系建设政策措施纳入了2021 年工作要点，并于 2021 年 3 月组织召开了养老服务部际联席专题会议，与相关部门共同研究。此次会议中，希望通过专题研究，进一步梳理总结国内外发展实践经验，明确基本养老服务内涵，政府、家庭（个人）、社会、市场职责定位，相关保障机制等重要问题，尽快形成高质量的政策文稿按程序报审。在开展政策措施的同时，"十四五"期间民政部将从三个方面推进基本养老服务：第一，逐步建立养老服务分类发展、分类管理机制，形成基本养老服务与非基本养老服务互为补充、协同发展的新发展格局。第二，完善兜底性养老服务。一是健全城乡特困老年人供养服务制度，有集中供养意愿的特困老人全部落实集中供养；二是深入实施特困供养服务设施（敬老院）改造提升工程，每个县（市、区、旗）至少建有 1 所以失能、部分失能特困老人专业照护为主的县级供养服务设施（敬老院），基本形成县、乡、村三级农村养老服务兜底保障网络。第三，发展普惠性养老服务。深化普惠性养老服务改革试点，通过土地、规划、融资、财税、医养结合、人才等政策工具的综合应用，充分发挥市场在养老服务资源配置中的决定性作用，推动养老服务提质增效，为广大老年人提供价格适中、方便可及、质量可靠的养老服务。

在服务体系上，要深入推进居家社区机构相协调、医养康养相结合。居家社区养老服务将更加快速地发展，切实发挥基础作用；养老机构要大力提升护理型养老床位比例，增强失能老人照护能力，为居家社区养老服务发展提供技术支撑。居家老年人、养老机构中的老年人需要的医疗服务支持将更加便利、快捷，健康理念将贯穿养老服务全流程。在服务网络上，一是将建成县、乡、村三级农村养老服务网络，大力发展具有区域综合功能的街道（乡镇）养老服务中心，打造居家养老服务圈，让养老服务资源聚集在老年人的"床边、身边、周边"，增强服务的集约化、便捷化；二是要构建"分层分类、平战结合、高效协作"的养老服务应急救援体系，积极应对养老服务领域出现的重大公共卫生事件和突发事件。在服务秩序上，要不断健全综合监管制度，形成多部门监管合力，确保老年人合法权益，确保养老服务健康、有序、快速地发展。

养老服务业必须坚持专业理念，发展专业技能，创建专业模式，为社会提供更有效率、更有品质、更有温度的服务。在专业理念上，要牢固树立以人为本、以老年人为中心的服务理念，塑造自立、尊重、包容、个性化的专业价值观，让每位老年人都能通过服务感受到尊重，感受到安心、舒心、静心，增强获得感、幸福感和安全感。在专业技能方面，要不断提高养老服务各类专业人员地比例，提高服务水平，加强标准化、规范化建设，形成专业服务的技术体系。在专业模式方面，要推动形成社会工作、医生、护士、养老护理员、康复师、膳食营养师等专业团队，打造全人、全生命周期的服务模式。

新型居家养老是未来的发展重点，家庭养老床位是全国居家社区改革中发展出来的新型居家养老形式，解决了以前家庭养老缺乏专业性的问题，也解决了养老机构辐射作用发挥不足的问题，体现了居家社区机构相协调的机制，也应该成为将来养老服务业的新形态。

目前的家庭养老床位主要形式是依托服务能力和水平比较高的养老机构，向周边的老年人，特别是失能的、高龄的老年人提供家庭养老照护的服务。具体来说，一是从硬件着手，把养老院护理型床位"搬"到老年人家里，对老年人家庭进行适老化改造，配备相应的老年辅具，安装相关信息监测等设施设备，让老年人的家居环境更加适合养老，同时也适合养老机构远程监测和服务老年人在家里养老；二是从服务着手，把养老院机构的专业化照料服务送到家，养老机构派人上门为老年人提供照护服务，让老年人在家享受养老机构的专业服务。

家庭养老床位的发展创新了我国居家养老服务的形式，带动了养老服务消费和就业。从需求侧来看，家庭养老床位实现了老年人在家享受照护服务的需求，也降低了服务成本，让老年人买得起、买得好，需求更旺盛。各地开展家庭养老床位试点中，老年人普遍是欢迎的。从供给侧来讲，每多建一个家庭养老床位，就意味着少建一个养老机构床位，大大降低了家庭和社会在养老服务方面的土地和建设成本。现在一些大城市建一个养老床位的成本在20万元左右，这还是平均数，如果这些床位设在老年人家里就省了一张床，相当于政府和社会花了相同的钱，却提供了更多、更便捷的养老服务。

民政部门按照规划的部署和要求，将加大家庭养老床位的发展力度。一方面扩大试点范围和覆盖面，进一步总结经验，完善政策措施，让更多的老年人养老不离家，在家里就能享受家庭养老床位，让家庭养老床位成为居家养老服务的一种重要形式，也是让家庭养老床位成为养老机构发挥支撑作用、促进居家社区机构相协调的重要途径；另一方面加强家庭养老床位的监管，将家庭养老床位纳入养老服务综合监管，出台相关的标准和规范，让老年人享受家庭养老床位时是安全的、放心的，让更多的老年人享受家庭养老床位，拥有更多的获得感、幸福感。

聚焦高质量发展主题，更加突出精细化、专业化和体系化的发展路径。以前养老服务发展是全面培育和发展，今后应该是突出重点发展和有序发展，从质量角度讲要充分发挥政府的主导作用，同时也发挥市场配置资源的决定性作用，深化供给侧结构性改革，推动整个养老服务转型升级。养老服务行业管理一是要从主要管理养老机构，拓展到对养老机构、居家养老服务、社区养老服务等全业态的管理；从较为笼统的管机构，精准到管资产、管床位、管人员、管个案、管服务行为等关键要素管理。二是要借助互联网、智能化等科技创新技术，为行业主管部门赋能，提高精细服务、精确导向、精准管理的水平；三是要抓住养老服务发展中的难点、痛点、堵点不放，持续推进整治，补齐发展短板。

在服务格局上，要形成基本养老服务、非基本养老服务协同发展的新格局。一方面，要健全基本养老服务体系，通过明确基本养老服务的内涵和外延，进而明确基本养老服务与非基本养老服务的边界和功能定位；另一方面，发挥政府主导作用推进基本养老服务，发挥市场配置资源决定性作用发展非基本养老服务，把养老服务按照基本与非基本两个模块、事业与产业两条路径来分类指导推进。

第二节 适老化环境建设研究

老年宜居环境是在老龄化成为新的社会形态的背景下提出的。世界卫生组织（WHO）指出老年宜居环境是以实现健康老龄化为目标的各种环境状态的综合。这是指为老年人构建安全、健康、便捷且舒适的养老环境。它不是狭义的老年居住环境，而是指住、行、医、养等涵盖老年生活方方面面的综合环境，这关系到老年人的生活质量，也是实现积极应对老龄化的重要方面。新修订的《中华人民共和国老年人权益保障法》新加入了"宜居环境"章节内容；《关于推进老年宜居环境建设的指导意见》明确提出到 2025 年，安全、便利、舒适的老年宜居环境体系基本建立，住、行、医、养等环境更加优化，敬老、养老、助老社会风尚更加浓厚。可见，加强老年宜居环境建设已经提高到了立法的高度，它是养老事业发展的一项关键内容。国际经验表明，保障老年人群体的正常生存质量是评价社区宜居性的核心目标，具备安全、健康、便捷、舒适、服务完善和情感归属等因素的社区可称为一个理想的老年宜居社区。实际上，2009 年3 月全国老龄办就初步确定了老年人宜居社区的评定标准：居住舒适、活动便捷、设施齐全、服务完善、和谐安康、队伍健全。"居住舒适"体现在居住安全、适老性住宅建设上；"活动便捷"是要满足老年人无障碍出行需求、公共交通设施为老服务等；"设施齐全"和"服务完善"就是要配备适老性公共设施、生活服务网络健全等；"和谐安康"更加侧重老年人的社会参与，营造老年友好氛围；"队伍健全"是对老年服务人员规模、质量等的评价。不难发现，对老年宜居环境建设的评价就是对软硬件设施的综合评价。

宜老与适老相辅相成，要重视从户内到户外、从硬件到软件的适老性建设，同时结合建筑空间规划，最大限度地满足老年群体的心理安全感和幸福感。这也是实现从家庭养老到社会化养老、从保障基本生存到提升生活质量、从辅助生活到个体关注，以及加强细化照护等级和资源分配等一系列原则性转变的关键。可以将老年人宜居环境分解为不同物理空间范畴的层面，即宜老居住环境、宜老社区环境、宜老居住小区环境和老年宜居社会环境。从老年人需求入手，对老年宜居环境空间涉及居住空间、交通空间、养老服务设施空间、公共开放空间四大空间类型进行系统化研究；以老年人的行为尺度为指导，以系统性、适老性、互助性为原则，提出从区域布局、服务设施、养老宜居产业、宜居空间体系等方面评估宜老环境。综合评价方面，结合老年人群体的生理、心理特征，将老年宜居社区分为客观实体指标和主观评价指标两大体系。前者包括社区安全度、社区舒适度、社区服务度、社区便捷度、社区健康度五大状态层；后者在这五大状态层之外还包括社区情感度指标。老年人的社会交往和社会参与要从社会交际圈、社会活动参与度等方面体现。社区环境包含老年人能够利用的公共空间、卫生环境、老年活动中心等。社区设施包含老年人用的健身器材、适合轮椅等。社区便捷性包含交通出行、购物和就医。社区照顾包含社区养老服务、社区医疗服务、社区送餐服务和家政服务。社区活动包含老年团体活动、信息咨询服务、老年教育和其他活动。社区人际交往包含邻里关系和关爱服务。

另外，老年宜居环境和"医养结合"是相互关联的领域，养老环境离不开老有可医和老有可养，满足了老年人的医养需求就解决了老年宜居环境建设中最重要的部分。因此，发展"医养结合"也需要和谐的公共环境、社区环境和家庭环境。

通过以上对有关老年宜居环境的相关研究梳理，可以发现宜老环境体系主要集中在居住环境、出行环境、生活服务环境和敬老社会文化环境上。国内学者的研究依然是从老年人的需求角度以及对环境安全性、适老性、便捷性的要求和服务质量及满意度上构建指标体系。总之，对于老年宜居环境的评价应体现空间和内容的全面性。空间上，既有公共大环境，又有社区小环境的软硬件设施；内容上，应既涵盖住、行、医、养等基本服务，又涵盖社会氛围、人文环境、社会交往等较为抽象的内容。

而老年宜居环境建设主要体现在老旧社区改造、新建社区配套以及居家适老化改造等方面。目前，国内居家适老化改造仍处于起步阶段，相关领域存在诸多问题，制约其进一步发展。

第一，政府对居家适老化改造缺乏统一的服务标准及监管机制。目前越来越多的城市开始推进居家适老化改造，但从全国层面来看，距离建立一个健全、系统的适老化改造法律体系还有很大的差距。因此要通过产业引导、业主众筹等方式，引导老年人家庭根据老年人的身体状况、康复辅助器具的需求、居住环境等特点，对住宅及家具设施等进行适老化改造，有条件的地方政府可给予适当补贴。该意见为居家适老化改造提供了指导性内容，有待进一步加以细化和落实，通过规范、权威的全国性政策法规为其提供稳定的制度保障，推进居家适老化改造规范有序开展。

第二，行业发展缺少政策推动、财政支持和技术指导。一般整体行业发展和市场培育都处于起步阶段，国内现有的居家适老化改造主要是通过中央彩票公益金和地方政府购买服务等对老旧小区、困难家庭的适老化改造给予支持；二是整体产业发展仍处在萌芽期，系统化、专业化程度欠缺，尚未形成完善成熟的商业模式。此外，开展适老化改造主体的专业性不足也制约了居家适老化改造的发展，一些企业以及基层政府浅显地认为居家适老化改造就是在楼道、卫生间安装扶手和防滑设施，而事实上居家适老化改造是一套系统的科学体系，对居家环境的改造须妥善考虑过道是否无障碍、光线是否充足，地面是否去高差并进行防滑处理，坐具是否适宜坐下、站起时是否有支撑等。同时要根据每位老年人自身的特点与生活习惯进行设计改造。从建筑改造行业标准来看，居家适老化改造也缺乏统一、系统的标准。虽然目前的养老设施建筑相关研究中对于建筑材料提出了一些基本要求，如地面材料的摩擦性、扶手材料的物理性能、家具部品的有害物质标准等，但目前还没有针对老年人养老适用的建筑材料的系统化选用标准，缺乏科学专业的适老化改造评估体系。目前主要从事适老化评估、设计的适老化改造企业，在政策上不能被认定为养老服务企业，无法得到政策支持、税负减免等方面的优惠。而政府采购的居家适老化改造项目大都没有进行专业性评估，项目团队往往缺乏适老化改造的规范知识与操作流程。综上所述，适老化改造出现了"叫好不叫座"的尴尬局面。为了使居家适老化改造工作更加专业化及标准化，应从全国层面加强对居家适老化改造的政策引导、标准建立与资金支持的力度，搭建普惠的适老化改造服务平台，让适老化改造的供需资源得以有效对接。

　　第三，社会缺乏对居家适老化改造的基本认知，不利于营造推进居家适老化改造的良好氛围。一是主要以政府购买为主的适老化改造正处于市场孕育阶段，接受适老化改造服务的老年群体范围窄、人数少；二是适老化改造的相关政策信息的宣传普及工作还远远不足，老年人对适老化改造的了解程度大多停留在"仅知道有这个名词"和"完全不了解"。同时，虽然大部分老年人认为有必要进行适老化改造，但是老年人的改造意愿较低。由于对改造费用的担忧、对政策的不了解、改造期间存在居住问题等原因，老年人的适老化改造意愿较低。中国妇女发展基金会在开展居家适老化改造公益项目"适老宜居暖巢计划"的过程中发现，大多数老年人家庭缺乏对适老化改造的基本认知，一些老年人担心改造过程会导致房屋安全隐患、损坏家具等，只愿接受辅具适配改造服务，以致难以切实帮助其解决居家安全隐患。

　　另外，潜在的居家适老化改造市场具有目标公众规模大、涉及产品和服务范围广、消费金额较大等特点，可作为新的消费增长点。通过对住宅年代和老年人口密度的空间分布进行叠加分析发现，住宅建成年代越早的小区，老年人口密度越大，适老化改造市场规模将十分巨大。因此亟须在全社会打造居家适老化改造的认知基础，营造引导、推动和支持居家适老化改造的良好氛围。

第三节　适老化需求和供给特征

一、老年社会保障体系

　　老年社会保障是老龄事业的重要内容，也是社会保障制度的重要组成部分。它与人民幸福安康息息相关，既是老年人晚年生活的基本保证，也是促使老龄化社会健康可持续发展的基本保障。随着老龄化进程的加快，高龄化、空巢化、失能化程度也在加深，老龄社会保障体系与老年人的关系越来越紧密。世界卫生组织在《积极老龄化政策框架》中定义了"老年保障"的内涵，即在政策和项目解决人们在年老过程中的社会、经济、人身安全上的保障需要和权利的同时，保障老年人在不能维持和保护自己的情况下受到保护、照料和有尊严。[①]

---

① 世界卫生组织. 积极老龄化政策框架 [M]. 中国老龄协会，译. 北京：华龄出版社，2003：48.

　　老年社会保障体系是一个庞大而复杂的系统。在我国，老年社会保障制度建设覆盖全民，形式多样。例如，通过基本养老、医疗保险制度来保障老年人的基本生活、基本医疗需要；通过开展长期护理工作，保障生活长期不能自理和经济困难的老年人；等等。中国老年保障体系未来发展的四个主要目标为：免除老年经济之忧，减少老年身心之痛，确保老无服务之匮，实现老年生活之乐。它就中国老年保障体系建设的具体内容进行了详细论述：五个主体为政府、家庭、社会、社区和个体；三大内容为经济保障、服务保障和精神保障；四个支撑为资金、法制、管理和人才。其中，经济保障内容为首要的主体内容，服务保障是帮助老年人安享晚年、提高生活质量的必备内容，精神保障是相对较高层次的保障内容。老年社会保障制度的主要内容为养老保险制度和老年医疗社会保障的物质帮助以及社会福利的老年人发展、休闲娱乐帮助。

　　2004 年，全国老龄工作委员会办公室、中国老龄协会编写的《老龄工作统计指标体系》中将老年社会统计指标概括为老年社会保障、老年社会福利、老年社会救济、老年社会服务及老年合法权益保证五个方面。其中，老年社会保障分为老年经济保障和老年医疗保障。经济保障下设社会保障费用总额占国民生产总值比重、乡村享受社会养老保险老年人比例等八项指标；医疗保障下设老年医疗机构城镇人均老年医疗保险支出等指标，老年机构又涉及医院数量、医务人员等具体指标。[①]可见，老年社会保障包含了老年人基本养老和医疗的经济保障、服务保障、精神保障和权益保障。这背后离不开社会管理、政府购买、人才建设等的支持。

　　老龄化社会的加速到来，虽给社会发展造成了难以缓释的压力，但也为健康养老养生产业带来了重大的机遇。养老产业的发展轨迹将从最初的迈向社会化、产业"跨界"，到形成集健康、养老、养生为一体的康医养智能养老产业。基于全国养老相关政策及表现，现对全国层面的养老政策导向性作用总结如下：

　　第一，国家养老政策既为养老产业发展提供了政策方面的支持，同时也提出了发展养老产业的要求。伴随着人口老龄化形势日益严峻，社会面临的养老问题也越来越凸显，国家先后出台了一系列老龄化政策用来应对人口老龄化的

---

① 　全国老龄工作委员会办公室，中国老龄协会．老龄工作统计指标体系［M］．北京：中国人口出版社，2004：157～163．

挑战。政策的提出与社会发展的现实环境、与人民需求密不可分。就当下而言，智能养老产业具有传统养老产业所没有的优势，发展智能养老产业，能够有效应对人口老龄化的挑战，可以说大力发展智能养老产业是积极响应国家养老政策的现实需要。

第二，从贯彻落实国家积极养老政策出发，对养老产业发展进行整体规划，建立政策与规划有效融合的作用机制。一方面，切实将智能养老产业的发展纳入国民经济发展的整体规划之中，从国民经济发展的整体来谋划智能养老产业的发展；另一方面，对智能养老产业发展进行整体规划。不论是从国民经济发展的整体来进行规划，还是从智能养老产业发展的自身进行规划，都是非常有必要的，都是当前发展智能养老产业不可缺少的路径；而规划需要紧紧围绕政策内容与要求，以达到解决实际问题的目的，两者的有效融合可以产生事半功倍的效应。

第三，市场机制是推动健康养老养生产业发展的重要力量，可有效推动健康养老养生产业健康发展。在市场机制以及政府的引导规范作用下，许多社会养老机构竞相涌现，有效地激发了养老养生产业的发展活力，取得了良好的经济效益与社会效益。

第四，"康、医、养"融合模式与政策融合成效初步显现。"医"不仅代表诊断治疗的医疗，而且是综合性的健康管理体系的关键。首先，老年人需要身体保健、健康体检和健康管理；其次，老年人自身病情的预防、发现、诊断、治疗、康复以及安宁疗护都能得到全程的追踪与及时有效的支持；最后，养老产业也逐渐向养生方向延伸，养老产业的重心从刚需性的养老服务与医疗服务向保健、娱乐的养生产业转变。综合来看，在大健康战略理念的引领下，在更广阔的视野中理解和把握"医养结合"成为一种养老服务的战略选择。

二、老年人消费需求和行为特征

随着人口老龄化的迅速推进和老年人口数量的不断累积，银发消费对消费支出以及经济增长的影响将越来越凸显。另外，相较于年轻人，老年人群往往倾向于安居一地，其消费行为受所居住地的影响更大。首先，城乡银发者的消费能力和行为存在很大的差异。随着迁移流动的常态化，留守农村的多是老幼妇孺。乡村银发者的消费水平受限于其经济能力和城乡差异，往往较城市同龄者水平更低。其次，中国不同区域银发者的经济水平存在较大的差异。假设银发者的人均可支配收入与地区平均水平持平，不同区域银发者的消费水平无疑会受到区域差异的重要影响。

受限于服务供给和消费市场等原因，目前这些银发消费者的服务需求还未能得到充分满足，特别是一些对服务品质具有高要求的需求和个性化需求难以满足。此外，与"老有所养、老有所医、老有所为、老有所学、老有所教、老有所乐"的目标相比较，大多数银发者"养""医"和"乐"的需求已经得到了较高的重视，但满足程度还存在不平衡、不充分的现象；银发者"为""学"和"教"的需求还未能得到足够的重视和满足。

改革开放极大地释放和促进了生产力和科学进步，其中网络购物、线上预订、电子支付作为突出的商务类应用代表，一直保持高速增长。在这些消费模式中，消费者的主权地位更高，购买自由扩大购买决策行为更加合理化。消费主义文化的渗透和技术进步促进了消费结构升级和消费习惯的改变，老年人消费也不可避免地受到影响。

第一，新零售开启新消费模式。大数据、人工智能技术以及移动支付技术的快速发展，"新零售"这种线下体验、线上服务的购物模式带来的便捷和满足感也对消费行为产生了新的影响。改革开放多年来的变迁，中老年群体感受最深，这一群体受到的影响和改变也最大。

第二，大多数的老年用户通过支付宝、京东客户端、微信、手机QQ等移动端进行网购。虽然目前我国老年人网购规模和消费占比不高，但老年网民增速快，互联网应用参与率提高快，隔代转移支付增长快。我国60岁以上的老龄人口"触网"增速远超其他年龄组，并成为一股不可忽视的网购力量。而在支出方面，相比其他群体，老年人主要用于孙辈、保健养生、医疗护理、休闲服务、饮食和居住空间品质改善等方面。此外，越来越多的老年人正尝试融入数字生活，老年人的年货清单中不乏手机、电脑、智能音箱等智能化产品。

当然，老年人的消费行为还取决于经济保障能力、生理特征、心理情况、时间、经验等方面。老年人的消费讲究自主性、便利性、从众性和实用性。

三、适老化选择趋势

养老服务供给总量不断增加，重点发展方向确立。我国现阶段养老服务供给总量不断增加，家庭养老仍是大部分老年人的首选，在当前和今后的一段时间内，居家社区养老应逐渐成为养老服务业的重点发展方向。

人口老龄化是社会发展的重要趋势，也是今后较长一段时期内我国的基本国情，这既是挑战，也存在机遇。

从挑战方面来看，人口老龄化将减少劳动力的供给数量，增加家庭养老负担和基本公共服务供给的压力。而在机遇方面，人口老龄化促进了"银发经济"的发展，扩大了老年产品和服务消费，还有利于推动技术进步，带来一些新的机遇。

老龄产业辐射面广、产业链长，涵盖养老服务、养老地产和养老用品等多个板块，涉及金融、社交娱乐、医疗保健、消费等多个子行业。因此大力发展"银发经济"，既能满足老年群体的消费需求，也能促进产业发展，形成新的经济增长动力。老年消费具有日常支出占比高、健康养老需求高、对品牌忠诚度高、网络消费发展快、享受型消费持续增长等特点，其消费行为也受到求实心理、焦虑心理、融入心理、补偿心理、趋利心理等影响，对于市场关注点与其他群体有明显差异。涉老企业必须以需求为导向，开发设计个性化的老龄用品和提供人性化的服务，增加有效供给，这样才能真正拉动老年消费和拓展市场。

对此，要健全基本养老服务体系，大力发展普惠型养老服务，支持家庭承担养老功能，构建居家社区机构相协调、医养康养相结合的养老服务体系。

无论是社会效益还是经济效益，"银发经济"都成为未来极具潜力的市场热点。而那些与老年人健康生活直接相关的"硬"需求产业，或将率先迎来深度变革。

第四节 适老产品设计理论与方法

通常产品设计理论和方法很多，流程也多种多样。设计理念也随着时代需要不断改变，在社会开始关注老年人等弱势群体需求的同时，各种新的设计思潮应运而生。为此，针对"老年人"这个特殊的群体，出现了一些比较适合这个群体的创新和设计方法，如情感化设计、包容性设计、通用设计以及智能家居创新模式。

这里的"设计理论和方法"的对象是广义的，其对象是产品。目前给产品所做的定义如下：

第一，产品是指能够提供给市场，被人们使用和消费，并能满足人们某种需求的任何东西，包括有形的物品、无形的服务、组织、观念以及它们的组合。

第二，产品概念要求对消费者来说足够清楚，足够有吸引力，通常一个完整的产品概念由四部分组成。

①消费者洞察：从消费者的角度提出其内心所关注的有关问题。

②利益承诺：说明产品能为消费者提供哪些好处。

③支持点：解释产品的哪些特点是怎样解决消费者洞察中所提出的问题的。

④总结：用概括的语言（最好是一句话）将上述三点的精髓表达出来。

第三，产品的狭义概念：被生产出的物品。

第四，产品的广义概念：可以满足人们需求的载体。

第五，产品的整体概念：人们向市场提供的能满足消费者或用户某种需求的任何有形物品和无形服务。

总之，产品是市场上任何可以让人注意、获取、使用，或能够满足某种消费需求和欲望的东西。因此，产品可以是实体产品（如手机、拐杖或者汽车）、服务（如养老院、银行或保险公司）、零售商店（如百货商店或超级市场）等。

作为设计师，一般刚开始做设计时，最看重的是借鉴具体的设计案例和成文的设计流程，注重具体层面的方法，但是之后就需要一些更高层次、相对抽象并具有哲学意义的理念来指导。一个良好的哲学意义往往会使设计立意深远。

一、适老产品设计与情感化设计

说到情感化设计，不能不提到唐纳德·A.诺曼（Donald Arthur Norman）。作为一位享誉全球的认知心理学家，唐纳德·诺曼是一位站在"以人为中心"的角度去探索人与技术关系的先驱，其著作《设计心理学》和《情感化设计》堪称经典，在中国也广泛受到设计界的推崇。

情感化设计的核心理论是设计必须考虑到本能的、行为的和反思的三种不同的水平。本能水平的设计关注的是外形，行为水平的设计关注的是操作，反思水平的设计关注的是形象和印象。

这三种水平可以对应如下的产品特点：

本能水平的设计——外形、视觉效果。

行为水平的设计——使用乐趣。

反思水平的设计——自我形象、个性满足。

就这三种层级水平的设计本身来说，并没有严格意义上的优劣之分。如好的儿童玩具的设计有可能是优秀的本能水平层级的设计，好的软件交互有可能是优秀的行为水平层级的设计，而反思层面上则有非常大的差异，它与文化和消费者的经验密切相关。本能水平设计的产品，物理特征——视觉、触觉和听觉处于支配地位。在行为水平的设计上讲究的是效用，外形并不重要，设计原理也不重要，重要的是性能。在老龄产品设计中，情感成分可能比实用成分对产品来说更为重要。

反思水平的设计关系到个人的情感体验，表达的是一种深刻、含蓄的文化精神，要求更加注重人们的精神审美，体现的是情感价值。反思水平的设计包括很多领域，它注重信息、文化以及产品效用的意义。对于老年人来说，反思水平设计的意义在于物品能引起有关的个人回忆。因此，它更是一种精神层面的对话，所追求的是一种超越物质的情感境界。

追求产品"最本质的造型"，这应该是老龄产品设计的一个指导法则，因为经历了人生风雨的老龄人群往往具有怀旧、保守的特点，他们的价值观有自己独具特色的一面。针对老龄人群的产品包装，在满足基本需求的基础上，需融入符合他们生活情趣、价值观念等的元素，从而实现产品包装与使用者精神上的交流互动，找到情感的寄托。在设计过程中，设计者要对产品有明确的定位，可充分利用老年人的怀旧心理，通过情境塑造，将产品与某个人、某件事及某个情景相联系，从而引起老年人联想、触发老年人回忆。此外也可通过地域文化要素及符号所产生的象征意义来传达某种精神，以引起老年人情感上的共鸣。

到了老年阶段，人们更愿意回忆过去，更注重产品给情感上与心理上所带来的快乐和关爱，从而引导大家热爱生活、享受生活，所以老龄产品更加需要反思水平的设计。反思水平的设计注重的是信息、文化以及产品或者产品效用的意义。"老年人"这个特殊的群体人生经历丰富，他们喜爱的物品往往是一种象征，能够建立一种积极的精神框架，或者是一种自我展示。而且一个特定的产品往往有一个故事、一段记忆。

目前市场上的许多产品"重少轻老"，在设计和开发上更多地考虑了年轻人的喜好，却忽视了老年客户群体的特殊需求与体验。例如市场上的智能手机，很多功能对老年人而言是不适用的。老龄产品设计的关键不是设计本身，而是设计者心中是否有"老年人"这个群体的存在。因此，为老年人进行情感化设计，重视老年人的内心感受和情感需要，且为产品注入情感因素，使产品在满足基本需求的同时还能够满足老年人情感体验上的缺失，应该是当前设计者需要主要思考的。

二、适老产品设计与包容性设计

在西方，从美国20世纪60—70年代开始的法律强制执行的无障碍设计，到90年代的通用设计、全民设计以及包容性设计等，这些概念在北美以及欧洲众多国家的广泛传播影响全球，也正反映出人们对设计在实现社会公平与和谐过程中所起的作用与反思。设计正在扮演着一个日趋重要的角色，从物品到环境、系统、战略无处不在，深刻影响着我们的思想和行为。

（一）老龄产品设计与通用设计

通用设计，又名全民设计、全方位设计或者通用化设计，意指不用修改或者特别设计就能被所有人使用的产品、环境及通信。通用设计涵盖广泛，以我们的每日生活为设计内容，包括我们身边的所有事物在内。通用设计起初是发达国家在公共设施、产品设计上制定出来的一些标准，后来更进一步地在城市规划、建筑设计、产品设计、视觉传达设计中形成了规范。最近很多国家也开始制定自己的通用设计规范和标准。作为对通用设计的理解，1990年朗·麦斯（Ronald L.Mace）与一群设计师为通用设计制定了七项原则。

①公平使用：这种设计对任何使用者都不会造成伤害或者使其受窘。

②弹性使用：这种设计涵盖了广泛的个人喜好及能力。

③简易及直观使用：不论使用者的经验、知识、语言能力及集中力如何，这种设计的使用都很容易了解。

④明显的信息：不论周围状况或使用者的感官能力如何，这种设计有效地对使用者传递了必要的信息。

⑤容许错误：这种设计将危险级因意外或不经意的动作导致的不利后果降至最低。

⑥省力：这种设计可以有效、舒适及不费力地使用。

⑦适当的尺寸和空间以供使用：不论使用者的体型、姿势或移动性如何，这种设计提供适当的大小及空间供使用者操作使用。

另外，通用设计的三项附则如下：

①可以长久使用，具有经济性。

②品质优良且美观。

③对人体及环境无害。

通用设计强调的是产品设计外形和功能的密切关系，也就是让使用者能够一目了然地知道这个设计是用来做什么的。比如容器的把手，要让各种人都能够取用方便、容易掌控，一眼就知道应该握住哪里。如果有一部分的公众使用起来有困难，就算不上是通用设计了。

人们理解通用设计很容易出现一个误区，认为这只是给残疾人的设计。实际上通用设计是针对所有人的设计，其中就包括了针对残疾人士的设计。举几个简单的例子：当我们气喘吁吁地拉着行李箱时，公共建筑如火车站入口处的残疾人轮椅斜坡通道就帮了我们的大忙；当我们满手物品，我们可以只借助上身的力量就能推开里外都能打开的门；当我们过马路的时候，有声音显示的红绿灯可以帮助我们更加安全地判断是走是停；当小朋友在公共场合洗手的时候，降低了高度的洗手池让他们不需要家人帮忙就可以自己做好；当我们晚上回家屋里漆黑一片的时候，电灯开关那宽大片状的设计让我们很容易就找到并打开等。这些都说明通用设计不仅仅是给残障人士的设计，我们正常人在日常生活中也会受益很多。

（二）老龄产品设计与包容性设计

有些人认为，包容性设计就是简单地在产品设计过程中增加一个环节，或者仅满足产品更易使用一个标准就够了，又或者仅为某项身体功能丧失的人群而设计产品。事实并非如此，包容性设计应当在被植入设计和改良过程中，给消费者带来渴望拥有和使用满意的更好的主流产品。

英国标准协会将包容性设计定义为"主流产品或服务的设计能为尽可能多的人群所方便使用，特别的适应或特殊的设计"。包容性设计通过满足通常排除在产品使用范围之外的群体的特殊需求，使产品面向更广泛的用户并提高他们的使用体验。简而言之，包容性设计是更好的设计。

包容性设计在本质上是对早期的专门为老年人和残疾人设计的一种颠覆，它将老年人和残疾人融入主流社会。市场、公共机构以及政府应该理解现代老龄化社会的现实，要把老年人群体作为一个积极的社会群体看待，使他们可以积极地为自身创造机会和未来，能照顾自己。包容性设计区别于通用设计的出发点在于，事实上没有任何一个设计可以完美地适应每一个人。包容性设计涵盖的范围比通用设计更加广泛。

包容性设计不同于为少数人的专门设计，其对所有人开放。无论是设计师、大众，还是政策制定者，每个人都可以用包容性的思维进行思考，用包容性的过程参与设计，用包容性的行动改善社会。包容性设计对正在提倡"包容性增长"的意义深远。作为人本设计的方法和实现社会创新的手段，其提倡设计师与大众的平等合作，强调设计的社会效益。对于老龄产品设计而言，需要有包容性地设计思想。

包容性设计的产生源于以下三个方面：以用户为中心的理念、人群的觉醒、商业的导向。现如今，社会群体中的人们在身体能力、技巧、过往经验、渴望和观念上具有很大的差异，面对这些差异，以用户为中心的理念形成可以了解不同类型人群的需求，并为其寻找到好的解决办法。人们意识到依照二元思维将社会群体中的人分为残障人士和正常人士是不科学的，实际上人的身体能力受各方面复杂因素的影响，程度会各有不同。因此，运用包容性设计会顾及更多人的感受，会使产品更加完善。包容性设计的成功应用能够提升产品的功能性、可用性、消费者的期望值，并最终带来商业利润。

为什么我们需要包容性设计？全球正面临着老龄化的趋势，保持这批老龄人群的生活质量和独立生活能力变得越来越重要，这是每个国家都需要关注的问题。同时，年龄增长带来身体机能的退化，有时会很难容忍身体机能减退带来的产品和服务使用上的不便。因此，人们越来越推崇简单化，即简单的功能、简单的操作、方便易用，有些时候产品可以被设置和方便操作已经成为用户使用该产品的前提。

三、适老产品设计与创新模式

智能家居的概念最早源于美国，1995 年，美国麻省理工学院媒体实验室研究智能城市的威廉·米切尔教授提出智能家居的概念。他认为很多如泛在智能化的信息服务是无法在实验室的环境中进行设计的，解决诸如城市信息化等复杂问题时，必须有新的创新模式。于是他定义出一种活性的实验室模式，即 Living Lab 创新模式。

芬兰以及北欧一些国家开始在 2000 年前后尝试建立各种智能家居的实验环境。2006 年，芬兰发起成立欧洲 Living Lab 联盟（European Network of Living Labs，ENoLL），经过六年的发展，该联盟已经拥有了 320 个来自世界各地的成员，涵盖三万多家机构。在全球国家创新能力排名中，芬兰位居第二，很大程度上得益于"Living Lab"这种创新生态系统。

中国学者在 2006 年左右开始关注 Living Lab，Living Lab 直译过来称为生活实验室。它的两个要素是真实生活环境和以用户为中心。它在此基础上强调多学科交叉以及和政府、企业、科研机构、公众的合作受益于全球各种各样的 Living Lab 实践活动，多年来积累了大量的方法和工具，方法工具库一直在不断丰富中。在中国，第一位关注"Living Lab"概念并一直在国内积极推广的人北京邮电大学的纪阳教授。他的移动互联网创业公开课受到该校学生、教师和已经毕业的互联网从业者的欢迎，好评如潮。这门课及其组织者移动生活俱乐部（MC2）便是 Living Lab 的实践者，后者是国内第一个 Living Lab 实体组织，现在已经发展为一个初具规模的创业孵化器。

中芬联合智慧设计生活实验室（Living Lab）是 2010 年中国科技部与芬兰劳动与经济部在第 14 届中芬科学技术合作联委会中，由北京邮电大学、北京市工业设计促进中心与芬兰阿尔托大学共同签署合作协议成立的。

Living Lab 是建构未来经济的一种系统。在这里以用户为中心的、基于真实生活环境的研究和创新将成为设计新产品、新服务和新型社会结构的常规手段。

可见，Living Lab 创新体系是建立在用户驱动创新方法和开放创新环境基础之上的，也是对开放式创新理念的提升。而创新主体的开放性正是 Living Lab 创新体系的产生根源。Living Lab 创新体系将创新主体由企业本身、科研机构、高等院校和政府机构，进一步扩展到技术和服务的终端用户，涵盖了政府、市场、用户、专家、资金等多种与创新密切相关的因素，而这正是 Living Lab 创新体系的精髓。更为重要的是，Living Lab 创新体系不仅实现了创新主体的扩展，更是围绕用户需求将与之相关的利益相关者，如政府、企业、投资人以及高校科研院所密切地结合在一起，形成了满足用户需求并实现其产业化价值的创新生态环境。Living Lab 创新体系所构建的创新生态环境，已经实现了对开放式创新理念的整体提升，正是在此基础上 Living Lab 坚持用户驱动的开放创新（User Driven Open Innovation），在智慧城市、低碳节能、弱势群体关爱等方面借助其所构建的独特开放创新生态环境，取得了丰硕的研究成果。

虽然人们对于 Living Lab 的内涵有不同的定义，但以下五项被认为是所有 Living Lab 操作的核心：可持续性、开放性、真实性、使用户参与创新和自发性。

①可持续性指的是经长时间累计的经验、知识和合作关系。

②开放性则在 Living Lab 创新进程中扮演了极其重要的角色，Living Lab 的创新进程正是以收集多元化观点为基础的，这些观点可能为市场带来更快的发展和意想不到的商机。

③真实性指的是 Living Lab 应该将关注点放在现实生活环境中的真实用户，因为这正是 Living Lab 和其他联合创新环境的不同之处。

④使用户参与创新则与用户在创新中的重要性与保持用户在创新中的主动

性和参与度的重要性息息相关。

⑤自发性指的是在创新的整个过程中使所有参与者都能够投入其中。

设计是产业过程中的一个环节，也是一个具有高附加值的环节。Living Lab之所以在北欧等国家率先推动，也是与这些国家深厚的工业设计分不开的。北欧各国历来有参与式设计（Participatory Design）的传统，参与式设计主张在设计过程中引入用户的参与，让用户的想法和创新成为产品设计的重要因素，与Living Lab的基本思想是一致的。对于从事参与式设计的人而言，Living Lab是参与式设计的一种更加体系化、集成化、常规化的形式，能够使设计公司更加高效地对接相关技术提供者与需求提出者。

在北京，工业设计被列入文化创意产业，政府从各个角度推动工业设计的发展。但是，工业设计的发展受到国家工业基础、社会意识、版权保护等各个方面的制约。因此，工业设计领域中有相当多的企业从事着低附加值的业务，仅仅承担"出个图"的角色，并不能够真正引领产品创新，成为高端价值的实现者，乃至推动新型行业的建立。在过去几年中，工业设计领域推动用户参与式创新有一定的阻力。近年来，随着北京工业设计领域创新环境的优化和创新能力的提升，越来越多的企业希望从事具有一定创新度的设计，帮助客户发现价值，把提升设计水平作为重要发展目标。

好的产品设计是与环境相融合的，环境的多样性导致了其所涉及知识的复杂性，因此创新过程往往也是多学科交叉创新的过程。就如埃里克森等的建议，创新体系中应该让来自不同背景，具有不同视角、知识和经验的人们相互合作。多学科合作一直是一个难点问题，其意味着复杂的沟通和组织工作。不同学科的知识体系、语言体系以及关注点之间都存在着很大的差别，相互交流的效率通常较低。然而知识的重组和创新往往是在多个学科视野下进行的，能够创造多学科合作文化的能力是一个研究群体重要的组织技巧，甚至是其生存的优势。以下介绍智能家居创新方法实践案例：老少联和老年人一起设计自己的家。

在这里简单介绍一下老少联大学生公益组织。老少联大学生公益组织是纪阳教授发起并倡导的一个公益组织，关注的是人口老龄化问题，即走进老年人的生活，了解他们的真实需求，和他们一起在生活中寻找优化生活的方法，带动他们享受积极的老年人生活，在过程中体现陪伴和温暖。

为了了解老年人家居环境布局中的要点，老少联大学生公盖组织想到手工游戏的方法。在游戏中，每位老年人都拿到一张室内平面图和按照等比例缩小的家具、电器等图片以及剪刀、铅笔、胶水等工具，他们被邀请用这些制作他们理想中的室内布局设计。

活动并不要求老年人设计出完美的家居布局解决方案，只是希望在动手拼图的过程中，倾听他们对每一个决策给出的理由。在老年人进行设计的过程中，该组织会派一位年轻人在旁边辅助他们，同时倾听老年人讲述他们每一步决策的原因是什么。手工游戏帮助老年人进入了家居布置的场景中，边做边讲，触发了许多思考。

同时，该组织还为老年人提供了各种家居设计的照片，请老年人选择他们喜欢的家居，并说明原因。由于此次活动进行的场所多为老人所在的社区休闲区，熟悉的场合使得老年人没有戒备，也不会因为自己成为一个被观察对象而感到紧张，因而他们能够自如地表达。关于与陌生的老年人接触，这里有几个经验可以和大家分享。

第一，不怕被拒绝，稍稍调整策略，再找下一位。要相信老年人都是很友善的，他们应该是最好接触的一类人了，同时他们比较有时间、很多老年人还很热心，愿意停下来与你交流。

第二，表明身份和来意，老年人通常不会拒绝。

第三，每个社区附近都有几个老年人活动的场所，如公园、广场等一些有较大活动场所的地方。城市建设留给人们的活动空间越来越小，很多天桥底下都被老年人利用来做"活动室"了。上午九、十点和下午三点半左右是老年人出来活动比较集中的时间。

第四，面带微笑，大部分老年人是不会拒绝面带善意的人的。

第五，如果需要对整个社区的老年人进行调研的话，可以联系居委会，获得在社区里进行调查活动的认可。居委会许可的，老年人会更信任。

设计方法只有在具体的设计实践中才具有意义，在设计方法的每个环节中，设计师都可以进行一定的修改和创新，在遵循一定的设计流程的同时，设计师也一定不要忽略自己的直觉。以上的论述，希望对设计师在设计实践中具有参考意义，为"老龄"这个特殊的群体做设计，其方法和流程肯定会特别的不一样，需要设计师们细心地去完善和修正。

第二章 老年人的基本特征

第一节 老年人生理特征分析

当人进入老年阶段，由于衰老导致身体机能下降，直接或间接地引起身体状态的改变，因此，老年人主要呈现出五个层面的生理特征。

一、老年人生理特征研究的主要内容

（一）体态骨骼老化

老年人到一定阶段须发变白，逐渐稀疏，牙组织萎缩导致牙齿松动脱落。人体组成的成分也会随着年龄衰老而发生缓慢的变化。人体的主要成分有水、无机盐、蛋白质和脂肪，其中前三项称为瘦组织，随年龄的增长而减少，而后一项脂肪则是随年龄的增长而增加，如皮下脂肪减少导致皮肤松弛失去弹性。至于新陈代谢的问题，人体在年龄增长的过程中会不断变化，新的组织不断形成，旧的组织会分解，而老年人新陈代谢的速度比年轻人缓慢，基础代谢率下降。基础代谢是一个医学名词，它是指在静卧状态下，人体处于适宜的气温环境中为维持基本生命活动所需而消耗的能量。此外，老年人的活动量下降，整体能量消耗就会减少，导致老年人容易出现发胖或脂肪在局部堆积等症状。

除了以上这些情况，大部分人从 35 岁开始进入骨骼组织老化过程，由于新生骨骼细胞少于老化细胞，骨骼的大小和密度将会下降，骨骼逐渐老化伴随产生骨质疏松或骨质增生，因此，人的年纪大了如果摔倒更容易骨折，且康复速度很慢。身高和体重值也随着年龄增长而降低。

（二）脑功能、脏器功能下降

大脑是人体神经中最高的控制系统,研究资料显示,老年人脑形态发生改变,如脑体积缩小，重量会逐渐减轻。25 岁时人脑重约 1400g，60 岁时约减轻 6%；

80 岁时约减轻 10%，脑中水分可减少 20%。据估计，脑神经细胞数自 30 岁以后呈减少趋势，60 岁以上减少尤其显著，到 75 岁以上时可降至年轻时的 60% 左右。

神经元纤维缠结的现象出现在老年人的海马神经元中，若出现在大脑皮质或其他部位的神经元中，则是老年痴呆症的特征性病变之一。神经元中脂褐素含量增加，易导致细胞的萎缩和死亡。脑血管动脉粥样硬化和血管壁萎缩性改变会使得脑血流的阻力加大，血流量减少，而 70 岁以上的部分老年人动脉壁中膜萎缩，会使血管壁变薄，因此，老年人更容易出现脑出血等情况。

50 岁以后，周围神经传导速度减慢 15% ～ 30%，氧及营养素的利用率下降。这一变化会导致人的听力、反应能力降低，肢体动作不到位等，致使脑功能逐渐衰退并出现某些神经系统症状，如记忆力减退、思维容易停滞、注意力难以集中、健忘、失眠，甚至产生情绪变化及某些精神症状。

与此同时，随着人体进入衰老阶段，人身体的主要脏器功能开始下降，逐渐产生一些机能障碍。除了脑部，心脏、肾脏、肺部、胃部等主要内脏也存在功能下降的状况，由于细胞数的减少和功能的弱化，由它们所组成的内脏器官和组织势必发生衰退，其发生的早晚有所不同，比如大脑从 20 岁开始其神经细胞就开始减少，但肝脏则要到 70 岁才开始衰退。因此，老年人随着年龄增长渐渐出现体力下降、消化吸收能力减弱、各种慢性退行性疾病等状况。

（三）神经、肌肉组织退化

站立时，重心不稳的现象普遍存在于老年人中。人体直立稳定性与下肢肌肉力量和膝关节有很大的关系。随着年龄的增长，股四头肌力量减弱且膝关节力矩减小，直接导致人体的平衡能力下降，站立不稳，容易摔倒。很多下肢瘫痪老人利用上肢的力量及辅助器械站立，但长期如此会使上肢关节损坏。下肢瘫痪老人普遍体力不佳，容易疲劳。轻度瘫痪老人依靠辅助器具可以基本完成步行动作，但步态与普通人不同。他们普遍动作迟缓，步行速度缓慢，稳定性不高，不善于躲避障碍物。中度及重度瘫痪老人不能独自完成步行，需要他人帮助。

进入老年后人的神经系统也随之衰退，神经系统在人体适应内外环境和维持正常的生命活动过程中起着主导作用，因此老年人的行动减慢，协调性、操作能力和反应速度也大大降低，导致老年人在生活中的自理能力也会降低。随着老年人的肌肉组织产生不同程度的衰退，老年人还会出现力气降低、四肢活动迟缓甚至行走不便等状况。

如表 2-1 所示正常值为人体解剖学构造的理论数值，健康成年人基本可以达到。但参与测试的老年人的肩关节、肘关节活动能力均低于正常水平，显示其关节老化导致肢体活动能力减弱，这会使得老年人在日常生活中上肢可以实际控制的区域缩小，一些普通人较易取放物品的位置，老年人可能就难以企及。

表 2-1　老年人肢体活动能力测试结果

项目	正常值	性别	
		男	女
肩关节前屈	0°～180°	0°～170°	0°～168°
肩关节后伸	0°～50°	0°～37°	0°～36°
肩关节外展	0°～180°	0°～175°	0°～172°
肩关节内收	180°～0°	175°～0°	172°～0°
肩关节水平屈曲	0°～135°	0°～130°	0°～127°
肩关节水平伸展	0°～30°	0°～26°	0°～25°
肘关节屈曲	0°～145°	0°～141°	0°～140°
肘关节伸展	145°～0°	141°～0°	140°～0°

在表 2-2 中，可清楚地反映出年轻人和老年人之间握力平均值的差距明显。不管男性还是女性，老年人的数值均比年轻人低 20% 左右，其中男性低 19%，女性低 23%，年老时人体肌肉力量的下降十分明显。

表 2-2　肌肉握力测试结果

不同组别	最高值	最低值	平均值	平均体重	握力指数均值
老年男性	41	26	36.2	67.5	54%
老年女性	32	8	19.6	56.7	35%
青年男性	60	35	45.2	62.2	73%
青年女性	36	19	29.1	50.3	58%

测试的结果表明，人体在老年后会发生肌肉力量的衰退，加之关节的活动

能力及范围也会降低，表现到日常生活中如在行走时步速缓慢，完成登高、坐立、弯腰、举物等各种日常动作变得困难。而某些疾病如肩周炎、颈椎腰椎劳损等会更为加剧这种影响，严重者会逐步发展到坐下后难以站起、下床困难、平衡障碍、极易摔倒等，这大大增加了老年人日常自理生活中发生障碍的可能性。

（四）感官系统功能衰退

随着脑功能和神经功能的衰退，老年人的感官功能也随之下降，五感功能退化，感官系统功能的衰退直接影响到老年人的社交活动和生活质量，交流能力的下降会使其逐渐疏远社会，严重的还可能会影响到日常生活。

（五）免疫系统减弱

由于身体各项机能的衰老退化，老年人对环境的适应能力会降低，免疫防御能力也会减弱，各种疾病容易趁机入侵。免疫系统减弱表现在两方面一是容易因环境卫生等问题患上感染性疾病，如流感、肠胃炎、肺结核等；二是身体机能下降，无法完全应对环境变化而产生的各种类似心梗、感冒等急性疾病和糖尿病、肿瘤、癌症等慢性疾病。生理上的各种变化使得老年人的健康问题成为晚年生活中最大的困难。

老年人群身体健康状况自我感觉良好且平时无明显疾病困扰的仅为四分之一左右，其余均有不同程度的身体问题。

二、基于老年人生理特征的行为能力分析

通过上述老年人基本生理特征的总结分析，针对老年人日常生活的行为能力，这里将从健康老年人日常生活活动能力与日常生活料理能力两个部分，做出实地考察与统计分析。

（一）老年人日常生活活动行为能力分析

老年人的日常生活自理能力主要包括吃饭、穿脱衣、室内行走、上厕所、洗澡、坐着起立、弯腰／屈膝／下蹲、躺着起身等日常活动情况，反映了最基本的自我照料技能。日常生活自理能力的丧失或出现困难，是身体技能严重丧失的体现，反映了老年人群生活质量和日常生活照料的家庭和社会负担，同时是老年人需要居家长期照料或送进养老机构的重要原因。

从中国老年人群日常生活自理能力的各维度来看，老年自理存在中度以上困难的比例从高到低的情况依次为弯腰／屈膝／下蹲，坐着起立、躺着起身、洗澡、吃饭和室内行走，各类自理困难的比例男女性在 80 岁以下的差别不大，但 80 岁以上自理困难的比例中男性低于女性。各类自理困难的比例均为城市低于农村，随年龄组呈上升趋势。

（二）老年人日常生活料理行为能力分析

日常生活料理能力指在社区中独立生活所需的关键性的较高级的技能，包括处理夹杂事物、参加社会活动、开展日常工作、出家门、使用交通工具等。它主要反映社会参与度，是比个人自我照顾更加复杂的技能；反映维持独立自主的能力，用工具性日常活动能力量表进行测量。日常生活料理能力的丧失，会影响老年人的社会参与行为，更加依赖生活辅助器具。中国老年人群日常生活料理能力有困难的男性低于女性，城市低于农村。自理困难人群所占的比例随年龄组上升，70 岁以上更加明显。

从中国老年人群日常生活料理能力的各种维度来看，老年日常生活料理能力存在中度以上困难的比例由高到低依次为处理家庭事务、使用交通工具、参加社会活动、日常工作和出家门。各类自理困难的比例中男性低于女性，城市低于农村，随年龄呈上升趋势。

第二节　老年人心理特征分析

一、老年人感知特征分析

所谓人的感知即通过人体内的各项感觉器官，将外界物质信息借助感官通道顺利接收，做出行为反应的同时，产生精神层面的心理效应。一般情况下，人的感知可具体分为视觉、听觉、触觉、味觉及嗅觉。

（一）老年人视觉感知

老年人随着年龄的不断增长、生理机能的衰退，视觉系统会发生各种退行性改变，具体表现为老年人眼组织结构的改变。眼组织结构的衰退主要表现为四方面：第一，随着年龄的增长，角膜直径变小及呈扁平（曲率半径增大）趋势，致使老年人的屈光力发生改变，导致老年人的视知觉敏感性降低。第二，瞳孔变小对光反应的灵敏度下降，当人进入老年期瞳孔呈进行性缩小，这是由于睫状肌的老化、瞳孔的大小适应光的变化能力减弱所致。如人在 60 岁时眼睛能够接受到的光量只是 20 岁时的 33%，70 岁的老年人只能达到 20 岁时的 12%，80 岁老年人的瞳孔在白天与夜晚对光反应的灵敏度几乎接近于 0。第三，晶状体的透光能力减弱。晶状体是双凸的透明体，其纤维呈终生不断地生长，越靠近正中央的纤维越老，质地变硬，致使视神经调节能力逐渐降低。第四，对短波长的吸收系数大幅度增加，导致老年人辨色能力的降低。研究资料表明，绝大部分的老年人对蓝色、紫色、绿色的鉴别能力较差，而对红色、橙色、黄色的识别较强。

此外，老年人眼球的玻璃体结构，由于透明质酸酶及胶原发生改变、蛋白质发生分解、纤维发生断裂而致玻璃体液化，进而导致玻璃体发生后脱离，间接地影响人眼的调节作用；与此同时，由于老年人的年龄以及生理各项机能老化，原视网膜逐渐变薄，光感受器和视网膜神经元的数量减少，并出现色素上皮的色素脱失，继而促使视网膜的防护功能及可视功能逐步退化。以上眼部结构的变化会使老年人的视觉系统存在以下四个特征：一是明、暗视力的降低；二是视野变小，景深感觉减弱；三是颜色的区分能力衰弱；四是物体、图像辨识度下降。当然，除了由于视觉器官退化以外，老年人眼部发生的各种生理性病变，如白内障、青光眼、视网膜动脉硬化症、视网膜变性症、视神经萎缩等各种老年病也会导致老年人视力下降、视知觉衰退。

由于老年人视觉器官的退化及眼部疾病，从而引发老年人产生了一系列精神心理层面的情绪反应，可以说老年人的视觉情感性特征是由视觉生理的物理性变化而产生的。具体而言，老年人的视力下降、敏感度降低、认知过程缓慢，可以直接影响老年人对周围环境的认识、信息的获取，导致老年人生活能力下降、社交圈缩小，这种情况使得老年人和周围环境隔离开来，不仅造成老年人实际生活中的诸多不便，也使得老年人易产生不安、焦虑、沮丧等心理暗示，还会引起抑郁、孤独、疑虑等复杂多变的心理反应。因此，为了改善与缓解老年人视功能障碍所引发的负面情绪效应，心理学研究资料表明老年人对外界物体的实体影像，应满足最基本的视觉信息接收与识别，例如，对物体影像的大小、形状、色彩、数量等客观形态因素进行合理分类与配比，继而满足老年人心理状态上的稳定与和谐。

通过对上述老年人视觉特征分析与提取，面向老年人视觉特征的居家产品适老化设计可分为三个部分：在色彩设计层面，由于老年人眼球内的晶状体逐渐变黄，对颜色辨别度较低，大部分老年人对绿、蓝、紫等冷色的鉴别能力较差，而对红色、橙色、黄色等暖色的识别度较高，故而应尽量避免使用光谱两端的红蓝组合，少量使用低彩度的颜色，多用对比度较强的互补色；在字体设计层面，尽量选择简洁易懂的字体，便于老年人的认知理解，部分研究资料表明老年人文字辨认率较高的字体为宋体、黑体和中圆体，而楷体字的辨认率较低；在居家产品界面设计层面，整体的界面布局应流畅自然，运用统一、对比、对称、节奏、韵律等形式美法则，结合老年人视觉的生理与心理特征，营造出舒适、简洁、可信赖的视觉感受。

（二）老年人听觉感知

语言听觉是人类特有的听觉。国内研究表明具有正常听力的年轻人，其汉语普通话的言语接受阈大约平均分贝是27。具有正常听力的人可以听到 20～2000 Hz 的纯音，在50岁以前其语言辨别和理解能力是具有一定稳定性的，以后便逐渐减退。例如，对于一个80岁的老年人而言，言语辨别能力可能有25%的损失。人们分辨语音有赖于语音中的辅音成分，而辅音成分常常是高频的，由于老年人对高频音明显受损，影响了老年人对语音的分辨。在噪声环境条件下，这种语言分辨困难度表现得更为突出。此外，在语音频率保持不变时，只增加声音的强度，音高也随之发生变化。

不可否认的是，听觉器官和人体其他器官一样，随着年龄的增长而不断老化，老年人在听觉方面有回归现象。研究资料表明，老年人听力障碍是从高音频听力丧失开始，在25～55岁对这种语音辨别有缓慢地下降，55岁后则迅速下降，特别是对高频声音的音高辨别。老年人对声音频率的有效接受范围大致为 1000～2000 Hz。随着年岁渐长，听觉感受性逐渐降低，听阈升高。如40

岁前听力损失进展缓慢，从 50 岁开始，特别是对 2000 Hz 以上的高频纯音听力损失明显加速，部分医学统计资料表明男性的听力损失一般比女性更为严重。

对于高频率声音的信息接收，老年人的生理表现主要分为听力衰退、暂时性耳鸣、耳聋三个方面。具体在纯音言语听力方面，主要表现为纯音听阈升高、言语识别率下降，严重时语言交往明显困难甚至严重困难。在日常生活中影响老年人听力功能障碍的因素非常复杂，主要包括老年人的感音性、传导性及混合性三种原因，其中以感音性最为突出。具体而言，老年人的听力感音性障碍主要以感音神经性听力下降为主，而感音细胞的损坏是无法逆转的，对于老年人来说会加速其听力的衰老。此外，随着年龄的增长，中耳鼓膜的弹性降低，中耳的小听骨链硬化，内耳耳蜗出现某种退行性变化，听觉通路与听觉皮层神经元和神经纤维数目减少，人的听觉也随之出现老年性变化。

心理学研究资料表明，听觉丧失 50 分贝以上的老年人出现多疑、妄想的情绪特征较多，而妄想多发生于原有性格多疑的老年人。老年人的听觉生理功能变弱不仅直接影响知识的获取，而且还影响其语言、知觉和理解能力，进而影响老年人的人际交往，使老年人容易产生焦虑、孤独、紧张的心理暗示与精神感受。

听觉迟钝再加上肢体行为动作缓慢，使得老年人的活动能力下降，生活圈子缩小，从而滋生老年人心理层面的无用感及抑郁感，还容易造成行为层面的意外事故，此外，在听觉感知层面，随着老年人的听力、声音灵敏度的逐渐丧失，其声音信息传达的有效性大打折扣，易产生老年人与他人的语言沟通障碍，在语言沟通时，需要对方提高语音的音量才能较清楚地识别。与此同时，听觉下降使得老年人在使用居家产品时，易提高操作难度与操作失误，例如，老年人对烧水时，水沸腾的啸音音量无法准确接收，这就有可能导致水烧开后持续沸腾，从而酿成安全隐患。

基于老年人听觉下降问题的综合考虑，以老年人听觉特征为导向的适老化设计具体包括日常生活中老年人听觉的间接性训练以及多感官通道的合理补偿。

在老年人听觉间接性训练的层面，周围人的实际行为可以减轻听觉障碍或失聪老年人的无助、孤独的心理感受。例如，与老年人面对面进行语言沟通时，尽可能放慢说话语速，注意语言表述清晰，并且不可突然转移话题；此外也可以通过唇读的方式，观察老年人说话时嘴唇的动作，以便于帮助理解老年人的说话内容，并通过面部表情特征与指向性的肢体动作进行信息传达。由于老年人的高频音损失更多，因此，在与老年人交流互动时应尽量用低音，避免老年人的听觉器官受到高音频刺激，产生焦躁、恐惧的负面情绪。而面对严重失聪的老年人，应给予更多的关怀，主动接触；失聪老年人亦可以利用文字书写、手势表达等其他方式，表达感性信息与实际需求。

基于老年人对声音敏锐度降低和高音频听力明显降低的物理性特征，具体在居家产品的适老化设计中，针对具有语音提醒功能的居家产品，其语音音色的设置要避免过于强烈和尖锐，警示语音信息应采用低频率，音量应控制在老年人对声音的听力接受程度范围内。根据老年人不同程度的听力丧失，在耳科医生的指导下，配戴相应的助听设备。居家养老产品设计应注意声音频率的合理选择，尽量选用温婉、平和的声音作为提示音，减少因产品产生的噪声，确保老年人能够准确接收和识别语音信息。与此同时，使用与环境音对比度较明确的语音产品，可有效避免刺耳、急促的声音引发老年人的紧张感。此外，可以在产品语音提醒时加入震动辅助功能，通过触觉来获取信息，或者增加提醒闪烁灯，依靠视觉感官来接受信息，有效促成感知通道的重组与补偿。

总而言之，老年人在听觉方面存在回归现象，主要表现为对高频率声音的听力衰退、耳聋和耳鸣三个方面。老年人听觉的下降会影响老年人跟其他人正常的沟通交流，若使用安全便捷且带有语音提示的各种家电产品，会使得老年人不容易产生焦虑、孤独感等负面情绪。故而在设计老年人家用产品时，要注意选择声音的频率不可过高，应该尽量选择柔和、清晰的声音，也可以在设计适老化产品时，提供多种感知方式，通过增加其他感官的使用来补充与获取信息。

（三）老年人触觉感知

触觉是人体感官与外界接触最直接的感觉，具有多维度的感知表征，主要包括温度觉、肤觉与痛觉。《认知心理学》中对触觉做出如下概念界定：所谓触觉，即特指人体皮肤受到外在客观物质的机械刺激，从而产生的心理感觉与生理反应；按刺激的强弱程度可分为接触觉和压觉，对皮肤的轻微刺激即可产生接触觉，而当刺激强度逐步增加，皮肤的接触面不断增大，继而产生压觉。当然这种刺激程度的区分具有一定的相对性，在弱刺激范围内二者很难有明确的区分，实际上二者通常是结合在一起，故二者亦可统称为触压觉。此外，除触压觉外，人的触觉中还存在触摸觉，触摸觉是触觉与肌肉运动觉的结合，主要是指人的手指的触摸觉，它不但能感知客体表面的光滑、粗糙，还能感知物体的规格大小与几何形状。

触觉的感受器是触觉小体，它们分布在皮肤的真皮乳头内，其数量随年龄增长而减少。触觉小体呈卵圆形，长轴与皮肤表面垂直，大小不同，分布不规则，一般指腹处最多，其次是头部，而小腿及背部最少，所以手指指腹的触觉最为灵敏，而小腿及背部最为迟钝。对于老年人而言，因神经系统衰退和机体细胞退化，老年人的触觉变得迟钝，具体表现为对压觉感受力弱，对冷热温度反应缓慢，对疼痛的反应时间增加，触觉定位准确性差。在老年人的触觉反馈中，应有较强的触感对比、明显的阻力作用和物件的位移。

老年人在触觉方面的感知障碍，并没有视觉和听觉障碍所具有的普遍性。引发老年人触觉障碍的主要因子就是随着年龄增长，皮肤中触觉小体的数量会逐步减少，老年人的触觉敏感度不如年轻人那么敏感，在产品设计中有关触觉信息的因素要进行放大。老年人触觉障碍的辅助因子即为病理表现，一方面表现由客观物体的固有质感引发老年人心理层面的敏感、恐惧等情绪效应，继而在主观层面对居家产品中的触觉信息存在有意识的拒绝接收；另一方面表现为触觉迟钝，无法正确地获得各种触觉信息。因此，居家产品的选材应尽量考虑到材料的表面触摸感，具体而言，在适老化设计中应注意产品造型形态的比例规格、产品使用过程中的功能操作、产品材料的合理选择、产品的触觉识别与感官体验等。

第一，居家产品造型形态的比例规格。一般来说，接触面比例较大的产品对老年人的触觉刺激更为强烈，也较容易引起老年人的感知注意力。面向老年人的居家产品更要注重产品及其包含元素的大小和比例。例如，部分老年人因视力、听感下降或手部关节灵敏度衰弱，继而无法准确操控规格较小的产品按钮，因此，在适老化产品设计中要注意开关、按钮或旋钮的规格比例尺寸。

第二，居家产品使用过程中的功能操作。在为老年设计居家产品时，应尽量减少过多烦琐的重复性操作，不仅可以减少老年人因触感不良而带来的操作失误，也进一步地提高老年人的操作体验。例如，在部分居家产品操作区域中加入橡胶皮垫，增加摩擦力，借助外力来帮助老年人更好地使用产品。

第三，居家产品材料的合理选择。由老年人的生理变化可知，老年人因皮肤触感的感知能力有所下降，质感过硬的设计材料不利于老年人在日常生活中高频率地使用。从实地调研与深度访谈中可知，老年人对木质材料的偏爱指数较高，如采用了木质的地板砖，显得庄重文雅，原生态的感觉更加符合老年人的气质，使用起来也更有安全感和舒适感；墙面用木板装饰，更有亲近的感觉。老年人不喜欢生硬的材料，采用木板装饰墙面，使老年人更容易接受。

第四，居家产品的触觉识别与感官体验。现在的大多数信息产品都是通过点击屏幕来进行操控的，相对于习惯有实体按钮的老年人，在居家信息化产品界面设计中，应满足老年人在按压产品界面时产生实体按钮的触觉感知，从而满足老年人的触觉需要。

老年人的触觉主要表现在三个方面：温度觉、触觉和痛觉。因神经系统衰退和机体细胞退化，老年人的触觉变得迟钝，如对压觉感受力弱，对冷热温度反应缓慢，对疼痛的反应时间增加，触觉定位准确性差等。由此，老年人随之会产生一些心理情绪，如焦虑孤独等。故在设计老年产品时不仅要在生理上适老化设计，同时注重老年人的人文情感设计。

（四）老年人味嗅觉感知

在老年痴呆症（简称AD）的早期阶段即存在嗅觉的减退，甚至嗅觉的损失要比老年痴呆症的典型症状出现得更早。由于老年人的嗅觉神经已经逐渐退化，加之呼吸系统的衰竭速率较高，因此，对日常居住及生活区域的气候、空气质量以及动植物的气味较为敏感。

由于各年龄段老年人的生理机能有所差异，其味觉丧失的程度也有所不同，据统计资料显示，老年人感受咸味的能力丧失得最多，然后依次是苦味、酸味、甜味；老年人味觉的退化，也促使老年人的味觉感知层面出现人老口重的生理现象。此外，由于老年人消化器官的容积量变小，消化功能逐渐减弱，老年人通过尝味来辨别食物时，反应速度与生理信号接收时间较为缓慢，而长期性的味觉缺失，使老年人对某一食物失去品尝的兴趣，常常导致食欲下降和营养不良。

具体在适老化设计实践时，应适度考虑老年人味觉特征，结合居家产品的性能，设置味觉和嗅觉的显示指标；运用联觉、移觉，将味觉系统中代表图形、颜色、造型等元素，利用其他感官通道进行合理转换。此外，基于老年人嗅觉感知的景观设计主要集中在植物的芳香性工程方面，芳香的植物能有效地缓解老年人紧张的情绪，使老年人得到愉悦的心情，能更进一步地增进老年人的睡眠。

二、老年人认知特征分析

（一）老年人记忆特征分析

老年人的生理年龄随着时间的推移，其记忆点会有所下降，心理学家在对记忆与年龄关系问题研究后认为：假定 18 ～ 35 岁人的记忆成绩为 100，那么 35 ～ 60 岁人的记忆成绩为 80 ～ 85，60 ～ 80 岁人的记忆成绩为 65，说明人的记忆随着年龄的增长而有所下降，但下降的比率较小。

部分心理学研究发现表明年龄因素对记忆下降没有多大不利影响，但短时记忆却存在年龄缺陷。老年人的瞬时记忆相比于年轻人是差不多的，至于长时记忆，老年人往往对记忆未衰退前所发生的事情保持得较好，记忆衰退之后的事情就不易保持，所以老年人在记忆广度等各种记忆任务中的表现呈下降态势，并形成该年龄段的三个特点：一是初级记忆的减退少于次级记忆，即老年人对刚看到的事物的记忆保持得较好，而将信息组织加工的有效性会下降；二是再认活动好于回忆活动；三是意义识记好于机械识记，例如老年人对地名、楼号、数字的记忆效果就不好。

此外，老年人记忆减退还与记忆材料的性质和难度有关，有研究结果显示：老年记忆的减退可能是由于信息编码储存和提取困难相互作用而造成的，老年人对与过去、与生活有关的事务或有逻辑联系的内容记忆较好，而对生疏的或需要机械记忆或死记硬背的内容，则记忆较差。

（二）老年人思维特征分析

人的思维能力是其对客观事物认知能力的体现，而老年人的思维认知存在以下两个层面的表征：一方面，老年人的思维能力随着年龄的增加呈现出不断下降的趋势，思维的灵活性及推理能力也有所下降，同时，形成概念的过程要更长，更容易出现错误，因此，老年人更难学习新知识，把握新事物，所以这导致老年人在评价和处理事物时，往往容易坚持自己的意见，不愿意接受新事物、新思想，很难正确认识和适应生活现状。另一方面，老年人的思维易形成定势，不够灵活，对于老旧的观念不能跟随时代发展得到及时的更新，这样便限制了他们解决新派问题的方式，他们也因此在处理新事物的时候总是习惯性地依赖于以往的使用经验、认知习惯与知识结构去理解，这样的情况下一旦问题与既有经验不符，就无法做出优势决策。

（三）老年人情绪特征分析

老年人在社会及家庭角色中的变化直接影响其对自我价值的困惑，"退休"或"丧偶"这些角色改变或者退出的体验让老年人越发减少自己在社会及家庭中的存在感。心理学研究发现，老年人的心理特质是由个人的社会生活环境和个人的社会化实践等因素共同影响而形成的，这种心理特质具有稳定性。老年人工作状态程度、文化水平的高低、身体健康状况是否良好、经济条件是否优越和婚姻是否幸福等状况均会影响他们的人格特质的发展。

世界卫生组织报告显示，情绪障碍是老年人群的重要疾病负担之一，不良的情绪会扰乱人体正常生理功能，影响防御功能，导致机体平衡失调、免疫功能下降，严重时还会导致诸如睡眠障碍及阿尔茨海默病等疾病的发生和发展。老年人面临的主要情绪问题有紧张、焦虑，抑郁、沮丧，暴躁、愤怒等。紧张、焦虑的情绪会使老年人心率加快，加大了血流的阻力，从而导致血压增高，持久的紧张或焦虑会加大老年人患高血压的风险。抑郁、沮丧会使老年人对日常生活丧失兴趣、情绪消沉、自卑抑郁，甚至会出现情绪不稳定（mood instability）、狂躁等倾向。暴躁、愤怒会引起老年人头痛、头晕，甚至晕厥等现象，严重时可能导致中风。

（四）老年人情感特征分析

生理状态的改变一定程度地刺激着老年人的心态，从而使得老年人产生一些负面情感，其所面临的负面情感主要有以下几种类型：

第一，缺乏安全感和存在感。老年人是社会中的弱势群体，对于老年人来说，老有所依、老有所养是老年人晚年幸福的基础，否则老年人会严重缺乏安全感和存在感，使老年人觉得生活毫无意义，缺乏趣味。

第二，孤独和失落心理。其老年人退休后，社会角色改变，加之子女工作忙碌，老年人的生活圈子也在不断地减少，所以生活出现许多空白点。但是老年处于不一样的社会层次，参与不同的社会活动时，产生的心理状态也会有所不同。对于重视知识修养和涵养塑造的老年人，即使退休不工作后也能为自己找到相应的社会活动，继续自我提升、自我主动接触社会，所以产生的失落感觉较少；而其他以娱乐休闲生活为重心的老年人，一旦远离社会人群，就会产生大量的孤独无助之感，甚至觉得被冷落和遗弃。孤独和失落的心理会造成人的思考能力和判断能力下降，慢慢变得迟钝，加速衰老，严重的可导致老年痴呆。

第三，抑郁和焦虑心理。抑郁心理在身体状况不好，并且久病不愈的老年人身上较为常见，老年人长期受病痛折磨且没有好的治疗效果，这样就容易出现焦虑和抑郁心理。老年人对生活的热情也不如以前，经常会和老朋友相互攀比，情绪低落，对人生失去了目标和方向，并且有时会因为心情抑郁而产生失眠，差不多半数以上的老年人会出现失眠的现象。

第四，老年人的怀旧心理。老年人对不断变化，不断进步发展的新的社会环境难以适应，对于过去的美好时光产生强烈的怀念之情。因此难以接受新事物和新环境是老年人共同的特质。

第五，统觉较为发达、统觉，心理学名词，指将对当前事物的心理活动同已有的知识、经验相联系、融合。多数老年人的统觉较为发达，运用一生中积累的宝贵经验指导后来的实践，可以周密考虑，更深刻地认识当前事物，准确判断，避免失误。

第三章 现代产品设计中的适老化研究

第一节 中国老年人居家养老产品人—机—环系统研究

一、居家老年群体特点分析

（一）失能老年人的特点

丧失生活自理能力的老年人称为"失能老人"。按照国际通行标准分析，吃饭、穿衣、上下床、上厕所、室内走动、洗澡六项指标，一到两项"做不了"的，定义为"轻度失能"，三到四项"做不了"的定义为"中度失能"，五到六项"做不了"的定义为"重度失能"。

世界卫生组织 WHO 将"失能"解释为：一个人在日常生活中主要活动能力或生活能力的丧失或受限，也是个体健康测量的重要指标。张思锋在《基于我国失能老人生存状况分析的养老照护体系框架研究》中总结了学术界对失能老人的表述（见表 3-1）。

表 3-1　学术界失能老人定义

学术界对失能老人的表述
1. 需要他人护理或者日常活动需要他人或设备帮助的老年人
2. 视力、听力、认知能力、行动能力较差或受限的老年人
3. 通过日常生活自理能力（ADL）量表或巴氏指数等测定出部分活动需要他人帮助的老年人

独立生活所需要完成的日常活动通常会被划分为两个层次：第一个层次是基本生活自理能力 BADL，指吃饭、穿衣、入厕、室内移动、洗澡等旨在维持生命持续条件的基本日常活动，如果这部分能力受损，老年人独立生存的状态

将无法维系，需要外界提供持续的、及时的服务支持。最先出现的测量 ADL 的 KATZ 量表实际上测量的是 BADL，后来人们也会将 BADL 直接称为 ADL。第二个层次是工具性日常生活自理能力 LADL，指老年人能够完成基本的社会性活动所需的能力，包括家务劳动（诸如洗衣、做饭）、购物、管理、财物、打电话、乘坐交通工具、服药等活动，老年人完成该类活动的能力受损不会直接危及他们的生命，但是其对周围环境的参与和控制能力降低，从而导致生活质量下降，因而需要借助外部力量的帮助来维持其与社会、环境的交互和适应，但是通常这种需求是可控的、间断性的。因此，对于工具性日常生活自理能力受损而基本生活自理能力仍然完好的老年人而言，他们可以借助于各项预约服务实现独立生活。但是，对于基本生活自理能力受损的老年人而言，在独立生活方式下很难及时获得他们所需的照料和支持。在实际的操作过程中，对老年人失能状态的判断以 BADL 为依据或者综合考虑 BADL 和 IADL，需要结合现实的社会保障和经济发展水平。

目前中国城市老年人生活自理困难的比例由高到低的情况依次为弯腰倔膝／下蹲、坐着起立、躺着起身、洗澡、吃饭和室内行走等。各自自理困难的比例中，男女性在 80 岁以下的差别不大，但 80 岁以上男性低于女性。各类自理困难的比例均为城市低于农村，随年龄组呈上升趋势。

第一，在各项指标中相同生活环境下，60～79 岁老年人失能程度较 80 岁以上老年人低。尤其是在肢体活动的相关方面（如弯腰／屈膝／下蹲）等，即护理床能再次部分通过设计给予老年人便利。

第二，相同年龄情况下，城市老年人平均失能程度较农村老年人低。

第三，相同年龄情况下，男性老年人失能程度较女性老年人失能程度低。

（二）下肢瘫痪老年群体特点

中国老龄科学研究中心课题组在《全国城乡失能老年人状况研究》中，按照国际通行的日常生活活动能力量表（ADL）定义了关于失能老人的判定标准，选取"吃饭、上下床、洗澡、上厕所、穿衣和室内走动"六项指标，以"不费力""有些困难""做不了"三个等级进行评分。每个指标中"不费力"对应为完全自理，"有些困难"对应为部分自理，"做不了"对应为不能自理（见表 3-2）。

表 3-2　中国失能老人判定 ADL 量表

项目	不费力	有些困难	做不了
吃饭	10	5	0
上下床	10	5	0
洗澡	10	5	0
上厕所	10	5	0
穿衣	10	5	0
室内走动	10	5	0
中国失能老人 ADL 量表结果			
评定结果	完全自理	轻度失能（分）　中度失能（分）	重度失能（分）
得分	60 分	40～50　　20～30	小于 10

　　综上所述，通过表 3-2 中的六项评定分数总和，评定结果为 60 分表示能完全自理，40～50 分表示轻度失能，20～30 分表示中度失能，小于 10 分表示重度失能。

　　日常生活活动能力量表（ADL）能测量老年人的日常生活自理能力，反映其最基本的自我照料技能。日常生活自理能力的丧失或出现困难是身体机能严重丧失的体现，反映了老年人群生活质量和日常生活照料的家庭和社会负担，同时也是老年人需要居家长期照料或送进养老机构的重要原因。

　　美国的长期照护服务体系将 BADL 和 IADL 作为评估老年人长期照护需求的最重要指标，他们将照护服务界定为包括针对基本日常生活自理活动（BADL，如穿衣、洗澡、如厕等）提供的支持，在工具性生活自理活动（IADL，如服药管理、家务劳动等）方面提供帮助，以及健康维护、养生服务等。与仅是 IADL 受损的老年人相比，BADL 受损的老年人群对照护服务的需求更为迫切，在社会保障和支持能力较低的情况下，中国的长期照料体系应该首先满足这一人群的照料需求。因此，对中国失能老人需求的评估与对策分析应该将 BADL 受损的老年人群作为首要的研究目标人群，表 3-3 是 BADL 量表，也称为 ADL 量表。

表 3-3　ADL 量表

	洗澡	穿衣	如厕	转移	二便控制	进食	任意一项
A							
B							★
C	★						★
D	★	★					★
E	★	★	★				★
F	★	★	★	★			★
G	★	★	★	★	★	★	
ADL 量表结果							
能力水平	完全自理						完全失能
等级	A	B	C	D	E	F	G

通过上述表格可以看出，等级从 A ～ G 共分为七个等级，其中 A 等级表示完全能自理，而 G 等级表示完全失能，以此类推。具体的评判则是根据上述的评判标准，例如在洗澡、穿衣、如厕、转移、二便控制、进食等六项中均能独立完成则评价为 A 等级，六项中的任意一项不能独立完成则评价为 B 等级，六项中的任意一项加上洗澡不能独立完成则评价为 C 等级，以此类推。

目前医学上通过检查患者的肢体伸缩，根据肌肉力量的情况，将肌肉力量分为六个级别，通过完成动作的肌肉力量来区分人体是否瘫痪、不完全瘫痪（轻度瘫痪）和完全瘫痪（见表 3-4）。

表 3-4　肌肉力量级别

级别	名称	简称	标准	相当于正常肌力的百分比（%）
0 级	Zero	0	肌肉完全麻痹，测不到肌肉收缩，完全瘫痪	0
1 级	Trace	T	仅测到肌肉有主动收缩力，但不能带动关节产生动作	10

2级	Poor	P	能带动关节水平运动，但不能抵抗地心引力，即肢体仅能在床面平行移动	25
3级	Fair	F	能对抗地心引力做主动关节活动，能抬离床面，但不能抵抗阻力	50
4级	Good	G	肢体能做对抗外界阻力的运动，但不完全	75
5级	Normal	N	正常肌力	100

导致老年人下肢瘫痪的原因也有很多种，常见的主要原因包括两方面：一是交通事故、体育运动性等外伤性损伤；二是脑出血、脑梗死、脑血栓等脑血管疾病。其中，脑血管疾病为主要原因，也是老年人多发性疾病。老年人随着下肢肌肉力量的下降和膝关节控制能力的减弱，从而发生站起运动过程中重心不稳的现象。随着我国老龄化社会的日趋严重和心脑血管等老年病的发病率不断增加，下肢瘫痪的老年人群体在不断扩大。由于身体机能及身份地位的变化，使下肢瘫痪老人的心理、生理发生了很大的变化。为了更加切实地了解下肢瘫痪老人，对其群体特点做出更加准确的分析，通过整理大量相关医学护理资料，根据结果分析得出下肢瘫痪老人的群体特点。

二、中国居家养老用户模型构建

（一）中国居家养老用户心理模型

通过访谈和观察，可以结合用户操作过程总结出主要的用户心理模型，辅助分析用户的潜在需求和改善用户操作体验的角度。用户操作产品需要产品能够提供操作引导和评价引导，并希望产品能够对实现用户意图和帮助用户指定操作计划有一定的帮助。用户在面对陌生产品时，操作方式取决于自己过去的经验和认知，例如绿色提示为可行、安全，红色提示为禁止或注意；蜂鸣有提醒作用，连续的灯光闪烁也具有提示和警告作用。而复杂产品的操作需要通过学习和熟悉才能保证操作过程的顺利。对于用户来说，最舒服的操作方式应该是连贯的，并且在这个过程中应该能够保证视觉、思维、动作的统一。

老龄用户在操作现有的家用适老化多功能床时，由于购买者和使用者分离的原因，使用者并不清楚适老化多功能床能够提供的功能和使用的方式。因此关键的按键或是操作面板应该放置在显眼的位置，以防止用户在寻找操作界面的过程中未找到从而放弃使用该功能。除此之外，用户若实现一个功能而需要多次行为流程的操作，则该功能的复杂性较高，用户在操作过程中可能会出现错误，如果错误不可逆则会使人产生混乱和烦躁的心理，同时很有可能给老龄用户造成二次伤害，因此家用适老化多功能床的结构要尽量简洁，而功能的实现方式也要尽可能的简单快捷。

在操作开始和操作结束时人们都需要产品给予信息的反馈，而操作过程中的反馈则可以指引用户进行下一步的操作，防止错误过程的产生。产品给用户提供反馈的方式有很多种，如声音提示、颜色提示、灯光提示、文字提示等。在家用适老化多功能床中，尤其需要大量的提示以告知用户是否操作成功，以防止没有考虑到机器的反应时间而进行多次输入，从而避免给躺在床上的老龄用户带来不适感。针对电动适老化多功能床，使用操作按钮后应给予用户开始工作的提示音，而工作结束后再给用户一个提示音，这样给用户明确的反馈。在操作界面上可以设置红绿 LED 灯，正在进行正确的操作显示绿灯，如果误操作则显示旁边的红灯，提示用户要赶快结束错误操作并加以修正。色彩和材质对用户的使用感受也有很大的影响，不同的颜色和材料搭配能使人获得不同的感受，对于产品的使用场所也会有一定的认知帮助。在设计过程中，也要尽量多地考虑这方面因素。

通过对老龄用户主要的动作过程进行观察和了解，并对其在这个过程中的思维以及心理变化进行了分析，且对操作过程的时间进行了统计，也从侧面反映出了一个动作的复杂程度（见表3-5）。

表 3-5　多功能床的用户心理模型

动作	思维	心理变化
老龄用户躺在床上	老龄用户走到床边想找到一个支撑的物体做辅助，希望先稳稳地坐在床上，然后借助床板和支撑物躺在床上，并希望有人在旁边帮助	首先希望自己能够完成整个动作，如果发现力所不能及，则会寻求他人帮助，并在行动过程中产生紧张心理，害怕这一过程给自身带来二次伤害
动作	思维	心理变化

老龄用户在床上坐起	身体活动不方便或者自己无法完成坐起动作，想借助外力帮助自己坐起，并且不希望腿部一直保持平放的姿势	长时间地保持一个动作，老龄用户的心里会十分烦躁，他们也希望能像正常人一样坐起，长时间腿部平放的坐姿会让人厌烦
躺累了想稍微直立依靠一下	希望能有一个很好的靠垫或者适当的倾斜角度来支撑背部，能够舒服地倚靠	等待护理人员将床板缓慢摇起，调整到老龄用户感觉舒适的位置，有时会有自己调整床板角度的需求
老龄用户起身下床	老龄用户需要找到可借助的外力，先坐起来，然后自己或是在帮助下把腿挪到床下，此时在确定了能够顺利站立时，才会站起；如果不能，会选择依靠双拐或是轮椅	在下床前，老龄用户往往需要进行简单的心理建设，如果有伤口或是疼痛部位，则更加希望简化整个动作以减缓痛苦。侧坐在床上时，在等待双拐或是轮椅的过程中可能会感到疲劳，想寻找依靠的部位。而上下床是个复杂的过程，老龄用户又希望尽量减少该动作的次数

（二）中国居家养老用户行为模型

根据调查，对于行动不便的老年人，除了在睡觉和需要休息以外，适老化多功能床还能帮助他们更加轻松地完成一些力所能及的事情。对于适老化多功能床的直接使用者来说，他们主要关注的是床的舒适度，而在有自主操作的需求时，由于他们自身条件受限制，力量、活动的范围、运动的角度、视力、听力等能力大多低于平均水平，因此动作较迟缓，反应较慢，大部分的操作过程还是要通过护工等帮助完成。对于护工和老龄用户亲属等间接使用者来说，他们的行为处于正常水平，但是仍然有许多方面需要考虑，其中包括人的固有特性、行为特性和感知认知特性等都需要进行详细的研究。由于适老化多功能床功能繁多，使用过程也比较复杂，通过对老龄用户使用适老化多功能床流程的归纳总结初步建立了行为流程链，并针对具体的功能，对其操作行为进行了研究和分析。

用户上下床的过程经常发生，而由于各种原因导致在此过程中出现的不便也较多。例如老龄用户会在上下床的过程中由于不适、没有抓持、找不到鞋、脚够不到地面等原因发生晕厥、摔倒等事故。因此上下床时，护工的扶持和医疗床的支撑作用都尤为重要，老龄用户或是老年人在使用适老化多功能床的过程中也会由于寻找舒适的位置而不停地变换姿势。适老化多功能床主要是调节靠背和床板角度，帮助老龄用户上下床等，并且进行清洁工作。在此过程中，用户只需要找到正确的按键和正确的扶持方式即可。

（三）针对居家养老用户模型的拟解决问题

针对以上用户模型在适老化多功能床的设计方面应注意以下几个方面的问题：

第一，尽量简化老龄用户上下床的过程，缩短动作流程，减少老龄用户在这个过程中身体角度的变换次数。在这一过程中尽可能地提供扶持功能。

第二，将康复功能与适老化多功能床结合，使老龄用户能够在使用多功能床的过程中，不光得到照顾和便利也拥有保健身体的机会。

第三，将家用适老化多功能床中不需要被直接接触和操作的部位进行包裹，最大程度地保护老龄用户的安全。

第四，对附加功能进行筛选和整合时，在保证老龄用户基本需求的前提下，对可附加的功能进行增减，选择增加适合家庭环境的功能，减少或弱化医疗场所所需要的附加功能，并且统一其安装规格和造型，保证不破坏适老化多功能床的整体性造型。

第五，改进家用多功能床的床头、床尾和护栏，设计出不同于市场上现有的造型，给用户以全新的体验，并且通过结构变化，改善其易用性。

三、适老化多功能床的人机系统研究与优化

（一）适老化多功能床的人—机—环境系统分析

目前，在人机研究方面用于评价产品是否合理的标准主要有以下五个方面：

第一，产品设计尺寸是否满足人体使用空间，设计角度与人体用力习惯是否合适。

第二，产品是否便于老年用户使用。

第三，设计中是否包含操作失误时的安全补救措施。

第四，各操作单元是否实用。

第五，产品是否便于清洗、保养及修理。

人机工程学的显著特点是：在研究人、机、环境三个要素本身特性的基础上，不单纯着眼于个别要素的优良与否，而是将使用"物"的人和所设计的"物"以及人与"物"所共处的环境作为一个系统来研究。实现人—机—环境的协调，即下肢瘫痪老人、康复床、使用环境三者之间的关系，主要研究的是这三者之间的适配关系和协调性能。从系统的角度将三者联系起来，将其高效地协调和匹配，使系统效率最大化。

适老化多功能床地设计对象是下肢瘫痪老人，其不同于普通健康人群，他们的群体特点是设计的中心。依据下肢瘫痪老人群体的特殊性，设计合理、实用的辅助功能，增强产品的可用性。合理的有效性首先就是使用者卧床舒适且能在床上完成基本的日常生活，其次还要考虑使用者自身的心理需求，如有些使用者想在卧床期间保证肌肉不萎缩，或想做基础的康复训练，使身体恢复得更快。人机之间的人机关系匹配程度如何，直接关系到使用者平躺休息、不同体位和康复锻炼的合理性，以及外界对产品的认可度。

适老化多功能床的设计与选型中，针对的目标人群是失能老人，所有元器件均为医疗静音用品，以噪声不影响使用者身心活动为标准。在颜色选择方面，主要选择与环境相和谐的柔和颜色，使用户心情舒适。

在整体设计时，依据相关标准，保证适老化多功能床床体的各种尺寸满足相关要求的同时，符合标准居家卧室预留空间，使该产品可以在居家养老环境中使用。依据生理学上对舒适温度的规定，舒适温度应在 $18 \sim 24℃$。康复训练过程中，为提高使用者的舒适感，可适当地提高室内通风效果，增加汗液挥发的速度。另外，使用环境中的照明效果也会影响用户的舒适感。

（二）适老化多功能床的人体姿态舒适性研究

舒适是人类的一种主观感受，舒适 / 不舒适只是主观适应 / 不适应的感觉，舒适是相对于不舒适而言的。影响产品评价的主要因素是客观的生理学因素和主观的心理学因素，不同的评价者之间也会有一定的差异。

适老化多功能床要有良好的横向稳定性和协调的空间，以保证使用者的舒适和操作者的安全。人体的体压分布直接关系人体使用时的舒适性。坐卧时的压力分布应是在坐骨处最大，然后向四周逐渐减少，到大腿部位时减至最小，并且压力分布应过渡平滑，避免突变。适老化多功能床使用时的不同体位姿态应根据人体的生理特点（脊柱正常的弯曲形态等）使使用者保持舒适的姿势。不同体态时关节的舒适调节范围不是简单的数字累加，而是要根据实际的屈伸情况来界定。

（三）适老化多功能床的人体姿态优化

姿态优化的目的是根据人体运动学，使所编辑部位的角度界限与人体该部位的最佳运动范围（姿态评估分值最高的范围）相一致。通过优化，可以得出适老化多功能床的建议使用角度。由于人体胸部脊柱和腰部脊柱的弯曲角度是由多节椎骨形成的椎柱曲线完成的，目前医学上没有明确的脊柱弯曲受力标准，且适老化多功能床的使用对象主要针对下肢瘫痪老人，所以对起背模块和屈膝模块同时工作时，人体的下肢姿态优化。

四、适老化多功能床的人机设计要求

（一）适老化多功能床设计要求

适老化多功能床出现多年，主要应用于医院、养老院或居家生活中，对于适老化多功能床的设计需要考虑人体尺寸、使用场所相关空间等多种因素，所以在设计方面应该符合相关国家标准。按照相关规定，空间环境的开间与进深不得小于 3.6 m×6 m（未含卫生间），足够放置此床。

根据《中华人民共和国行业标准——护理床》标准确定本多功能床为三折床，床面选择钢板材料，方便护理、疗养之用。标准规定，床面长度（不含床架）为 1900 mm ～ 2000 mm，床面宽度为 900 mm ～ 1000 mm，床面离地高度为 480 ～ 630 mm。依据标准确定护理床的基本尺寸为：长 × 宽 =1950 mm×900 mm。依据中国成年人人体尺寸中 95% 男性的小腿加足高为 448 mm、手功能高为 757 mm，因此选择床面高度的升降范围为 480 ～ 630mm。《电气设备第二部分：医用电动床安全专用要求》规定，电动床的安全工作荷载（SWL）必须至少能够承受 1700N 的荷载，其中包括患者重量 1350N、床垫重量 200N 和附件重量 150N，要求中还提供了在各块床板上的荷载分布。

（二）适老化多功能床人机功能分析

通过对下肢瘫痪老人的群体特点分析，为适老化多功能床功能设计提供了方向。床的设计需满足日常护理的基本需求，保证使用过程中老年人和护理人员的安全，并尽可能地简化操作，使卧床老人舒适，减轻护理人员的劳动强度。本产品功能要求如下：

第一，平躺。这是康复床必备的、最基础的功能。

第二，起背功能。下肢瘫痪老人行走不便，但是上肢可以正常活动，起背功能既能实现各种体位的变换，也能方便老年人在床上完成更多的日常活动，丰富日常生活，减轻护理人员的工作。

第三，曲腿功能。通过床板的移动，实现老年人曲腿动作，该功能可以改变老人下肢体位，促进体内血液循环，降低褥疮等并发症的发病概率。同时，也方便护理人员对老年人下肢进行按摩，防止肌肉萎缩。基础的康复床只能实现单向向上或单向向下曲腿，通过实地调研发现这两种曲腿方式各有利弊，如果结合起来将更有利于老年人的日常生活与康复。

第四，基础训练功能。使老年人在康复床上就可以接受基础的康复训练，避免了向卧式训练床转运的麻烦，也节省了医用空间。

第五，升降功能。升降功能可以满足转运老年人时与不同高度的器械对接，也方便了护理人员更换床品等日常护理用品。

第六，辅助器械。设计增加可移动边桌，方便老年人在床上的日常生活，丰富业余时间，避免老年人内心的孤单寂寞。可折叠护栏，降低老年人从床上意外滑落的风险。可拆卸输液架，方便老年人输液治疗。

（三）适老化多功能床参数设计

根据对国内外现有产品的了解和下肢瘫痪老人群体的分析，确定适老化多功能床的机械结构可为分床的主体和辅助器械两大部分。其中主体包括起背、曲腿、基础训练和升降四大功能模块，辅助器械包括可折叠护栏、可移动边桌和可拆卸输液架等辅助设施。床主体主要负责承受荷载、完成各个功能动作，它是整个适老化多功能床的核心。辅助器械可以起到辅助功能，方便老年人日常生活和护理人员工作。

根据床体布局设计的要求和功能需求分析,确定适老化多功能床为三折床,床面划分为四块板面,分别为(1)背部支撑板、(2)臀部支撑板、(3)大腿支撑板、(4)小腿支撑板以及(5)卧式训练模块。其中,(1)、(3)、(4)为整体床板,(2)为可在一定范围内进行长度和角度变化的软连接床板。床板(1)和床板(2)被接于Y1轴、床板(2)与床架固定连接于Y2轴,床板(3)与床架、床板(4)分别于Y2、Y3轴处铰接。

将床板(2)设计成软连接是为了避免目前大多数产品在起背时,背部支撑板与床面之间会形成夹角,导致人体腰部不适的问题。由多个"骨节"连接而成的床板(2),其可以在一定范围内进行长度和角度变化,当康复床处于坐姿位置时,背部支撑板与床面之间形成一个圆弧过渡,使床垫能够更好地贴和床板,方便老年人的使用。

关于中国老年人体尺寸的最新研究表明,中国成年男性和成年女性尺度为基准降低2.8%。根据中国成年人人体尺寸和研究结果,可确定中国老年人体尺寸,公式为

$$HL=HC×(1-2.8\%)$$

上述公式中,LH表示我国老年人身体各要素主要参数;HC表示我国成年人身体各要素主要参数。这说明老年人的身材会随着年龄的增长而发生一定程度的逆增长,所以这里选取中国成年人体尺寸标准中的95%尺寸作为参考,确定具体数值见表3-6。

表3-6　床板尺寸表

床板	尺寸(mm)
背部支撑板	590
臀部支撑板	390
大腿支撑板	370
小腿支撑板	560

起背模块的主要功能是抬起使用者的背部,使背部支撑板在使用者感到舒服的位置停止,方便下肢瘫痪老人在床上进行一些必要的日常活动。与曲腿模

块同时使用时，可以实现坐姿体位。根据人机参数的研究，背部支撑板与水平夹角为 0° ～ 70°，背部支撑板长度为 590mm。

曲腿模块对于下肢瘫痪老人的日常护理尤为重要，该功能不仅可以帮助老人改变体位，而且方便护理人员对老年人下肢进行活动与按摩，可以很大程度上避免长期卧床引起的肌肉萎缩、褥疮等并发症。通过对现有产品的调研和分析，目前的曲腿功能分为两种，一种是向上曲腿，另一种是向下曲腿。两种方式各有利弊，向上曲腿有利于护理人员护理，但是无法配合起背功能实现坐姿；向下曲腿可以实现坐姿，但是容易造成老年人下肢水肿。综上所述，该模块的设计改进为既可以实现向上曲腿，也可以实现向下曲腿。根据人机参数的研究，大腿板长 370mm，小腿板长 560mm；曲腿向上时，大腿支撑板与水平夹角为 0° ～ 30°，小腿支撑板与水平夹角：0° ～ 20°；曲腿向下时，小腿支撑板与水平夹角：0° ～ 15°。

升降模块主要由下床架、定向导轨、脚轮和直线电机构成。康复床床面的升降功能是通过直线电机行程变化来实现的。下床架及两个直线电机均为对称结构，两个直线电机以相同速度运动时，康复床实现整体床面的升降功能。直线电机在运动中可以停在行程内的任意位置，以便于选择位置。根据人机参数的研究，床面升降高度为 440 ～ 630mm，上床架与床板总高 250mm，确定下床架参数及电机量程。脚轮选择承载能力强，带自锁功能的中控医疗脚轮，规格为直径 100mm，厚度 80mm，最大荷载 125kg。

根据《中华人民共和国行业标准——床》标准床栏的高度不小于 350mm、长度不小于 800mm 的设计要求，为了方便下肢瘫痪老人的日常转运，将护栏设计为折叠式。考虑到部分重度瘫痪老人在进行卧式康复训练时需要固定，所以将在护栏与床架的连接处添加定位机构。

大部分下肢瘫痪老人的上肢可自由活动，为了方便其在床上用餐、看书、上网等日常活动，在辅助器械中加入可移动边桌设计。基于人机工程学和人体尺寸标准，设计参数如下：桌板长 900 mm，宽 400 mm，桌面采用三级防火 MDF 板；边桌高度为 600 ～ 710 mm，可调；采用 304 不锈钢钢管，在支撑钢管处利用紧固手轮调节高度，实现升降；底架为 40 mm×40 mm "U" 形方管；底部通过四个带自锁功能的医用静音脚轮实现移动。为了达到舒适的阅读角度，将桌面设计为可倾斜，倾斜角度为 0°～35°。在距桌边 30mm 处加设一凸起横栏，避免书籍掉落。

目前主要应用的驱动方式有气压、液压和电机三种，它们有着各自的特点。其中最简单的驱动方式则是气压驱动，其安全可靠、结构简单、价格便宜。但精度与可控性较差，不能用在精度要求高的场合。液压是传动方式的一种，以液体作为工作介质，利用液体的压力能来传递动力，主要特点是传动功率大，低速、平稳，但噪声过大。电机驱动则有高效率、控制容易、自动化等特点。在进行康复床驱动方式的选取时，根据《医用电气设备第二部分：医用电动床安全专用要求》人机标准和实际情况，依据之前选取的机构形式、机构的特点、空间分布和同类产品中驱动方式的应用情况，在起背模块、曲腿模块和升降模块中最适合采用电机驱动形式，初步选取直线电动推杆。

第二节　居家适老化多功能床的模块化设计研究

一、模块化理论的应用

（一）模块化设计产品的共通性分析

模块化设计的思想由来已久，并且在多个领域中得到了实践和应用。电子、军工、机械等行业在模块化设计理论的应用方面有着丰富的研究，而管理学、工业设计等其他领域也渐渐吸收了模块化的思想，用以指导其研究。模块化作为一种思想方法，可以对各个方面的内容进行指导，而其所体现出的绿色、通用、高效的研究成果也使得多个行业领域很快地适应了社会发展的需要。运用模块化的思想，将研究对象正确地划分为几个模块，排列组合并单独控制，实现了运用最少的资源获得最大收益的目的。例如在电子行业，电子元器件就是典型的运用实例。首先，多个不同的电子元器件通过不同的组合形式，可以实现不同的目的。其次，将模块组合起来利用黑箱原理进行控制，也避免了大量的操作失误和运输以及重新安装中的错误。在工业设计中，乐高是一个最典型也是最简单的模块化设计案例。它本身就是几个不同的体块，通过不同的拼接方式，给了用户以无穷的发展方向和想象空间。每个体块单独存在，但是又对整体的成型起到了关键性的作用。

　　运用模块化理论指导设计的产品很多，大多是复杂产品，像汽车、飞机、大型机床、智能化电子产品等。这些产品本身便十分复杂，能够实现多种功能，满足用户的多种需求，同时也涉及了多个生产线、物流线和管理层级。单就汽车来说，就包含了外壳、机器、内饰、座椅等多个部分，而每个大的模块下面又包含了多项更为详细的划分，每个部件怎么组合，功能如何实现，如何用最小的投入获得最大的回报，如何让用户最大程度地获得满足，这方方面面的内容都需要考虑，而只有引入模块化思想的指导，才能简化这些复杂的问题。

　　电脑、组合家具、家庭音响、电子产品的操作界面等，也都成功地运用了这个理论。它们都需要各个模块的组合来实现其正常的运转，保证功能的实现。但是每个部分并非独一无二，不同型号。不同规格的部分借由共同的接口相互连接，既可以满足用户对于产品"标配"的需求，也给了用户升级产品，体现个人风格的空间。同时，可以自由拆卸和换取的部件也使得维修更加便捷。

　　在模块化理论指导下的产品设计，更加符合了社会大生产的需求。一个企业可以在保证相同接口和基本规范的前提下，对各个模块进行独立的设计，并根据市场和用户的需求，生产出一系列的产品。而每个部件最难操作、最易被误操作损坏的部分也不需要暴露在外，就像电脑的芯片全在主机内部，更换或者维修时只需要将主机交给厂家就可以了。这些运用了模块化设计方法的产品，其操作更加简单，装配愈发方便，维修和防护也更得当。最重要的是，它们最大程度地实现了产品的通用性和个性化，而在这个过程中没有增加企业的负担，反而使得企业的生产和管理更加高效和低成本。

（二）模块化理论在适老化多功能床设计中的优势体现

　　家用适老化多功能床种类较单一，但涉及的功能各式各样，相关的用户需求几乎包含了一个老龄用户在生活中的各个方面。采用了模块化设计理论的产品，其本身具有可分割的共同特性，而从中获得的收益也具有一定的共性。在家用适老化多功能床的适用性设计中，模块化理论的运用有以下几点优势：

　　第一，可以面对多种老龄用户需求。

由于时代的发展，现在的人们更加追求个性化，而层出不穷的个人需求也是大众基本需求所不能取代的。在满足一定功能的前提下，人们开始更多地关注产品的色彩、材质、造型和DIY的空间。将家用适老化多功能床设计为模块化的产品，使得用户可以根据自己的需求和喜好，在一定范围内对每个模块进行选择和购买。而这种设计可以更好地满足家庭用户的需求，由于黑箱原理，使他们能够将模块带回去，按照规定的部位自己进行组装，哪个元件损坏或是出现了质量问题，也可以轻易地更换或是维修。家用适老化多功能床地种类繁多，其用户几乎包含了各个层次和性别的人群。通过个人定制，按照自己需要的功能、结构以及造型选择适于自己的部件进行组装，在一定范围内很好地满足了多种用户的需求。

第二，实现了产品的通用性。

在采用模块化理论的设计过程中，可以得到相同接口、不同特性的一系列部件。由于规格相同，已损坏的部件或是想升级的部件可以直接进行更换。这样使得产品有了极好的通用性，便于后期的使用维护和更换。

第三，更具有经济性。

首先，从生产企业的角度出发，他们追求的是更快更好，更迅速的应对市场变化，而用最少的投入换来最大的收益。利用模块化设计理论，在满足了用户多样需求的前提下，只要企业设定了一套统一的规格和章程，就可以对家用适老化多功能床的设计和生产制造、物流运输进行统一的管理。根据市场变化可以对单独的部件进行针对性的改进和创新，而不需要投入过多的人力、物力去应对。其次，从用户的角度出发，可以自由更换和维修的每个部件免去了他们为了满足基本功能，而不得不购买其自带的不需要的附加部件。某个部件即使损坏了，也不需要将整个家用适老化多功能床返厂维修，甚至有些非核心部件，用户自己就可以进行更换和维护，节省了大量的时间和金钱。

第四，环保高效。

可独立管理的部件在很大程度上节省了原材料和生产时间，由此使得生产过程中产生的"三废"以及浪费的时间得到极大的减少，冗余的管理系统也可以随之得到简化。模块化设计理论本身就是一个绿色的设计方法，它的运用使得家用适老化多功能床的设计和生产能够更好地顺应目前这个倡导绿色环保、高效便利的社会大环境。

二、适老化多功能床的模块化构建

（一）适老化多功能床的市场调研

一个家用适老化多功能床制造成型，涉及了方方面面的人和用户，包括生产人员、组装人员、运输工人、销售人员、消费者、直接使用者和间接使用者等。而与之关系最为紧密的便是直接使用者和间接使用者，直接使用者为躺在床上的老龄用户，间接使用者为护工、亲属等，他们的直接感受和使用体验很大程度上影响了家用适老化多功能床的设计。

（二）适老化多功能床的模块划分

根据对家用适老化多功能床特性的分析，其相关功能可以分为基本功能和附加功能两大类，而由于附加功能本身就是作为独立的结构安装于护理床的相关部位，因此对家用适老化多功能床进行模块划分时，不将附加功能考虑在内。

因此，可以将家用适老化多功能床根据功能模式的不同划分为防护结构、支撑结构、运动结构、操作结构和其他必要结构五大模块。其中，防护结构包括了床头，床尾和护栏三个子模块，在用户操作家用护理床的过程起到了一定防护和帮扶的作用，其中护栏由于左右对称的关系，又将其细化为前端护栏和后部护栏两个最小模块。

支撑结构一共包括了六个子模块，脚轮、支撑钢架、靠背床板、臀部位置床板、大腿部位床板和小腿部位床板，而脚轮与护栏同理，又划分为前端脚轮和后部脚轮两个最小模块。其中，由于现有适老化多功能床的设计和制造，都将每个床板分开，而各个部分的床板都承担了不同的任务，相互配合或独立运作可以实现不同功能，因此直接将各个床板分开作为独立的模块进行考虑。由此设计，运动结构主要包括了电机、前升降装置和后升降装置。

电机为整个护理床的运动提供了动力，前升降装置主要负责靠背床板的运动，负责将其抬起或放下，后升降装置主要对腿部的两块床板进行控制，而前后升降装置结合也可以实现将床体整体升高或降低的功能。操作结构即为操作面板，使用户可以对家用护理床的运动和基本情况进行控制和监督。最后，其他必要结构即指床垫。床垫可以为病患提供一个舒适的环境，床垫与床板合理的结合方式也可以解决床垫滑动、不稳定的问题。

（三）适老化多功能床模块化的概念模型构建

结合模块化设计的理论和优势，根据功能结构的有效性，需要对现有的模块划分进行深化和细节调整，从而形成适老化多功能床的模块化概念模型。

第三节 居家适老化多功能床产品设计与研发

一、居家适老化多功能床产品设计定位

（一）居家适老化多功能床的人机舒适性设计要素

居家适老化多功能床设计在人机方面拟解决的问题如下：

第一，简化老龄用户上下床的过程，缩短其动作流程（提供可调节高度的功能），在整个过程中提供把手等可供扶持的设施（提供护栏或把手）。

第二，开拓居家适老化多功能床的功能，使其不仅仅针对失能老人和满足其护理需求，此外增加附加功能如锻炼和理疗等（提供一些多功能的辅助性生活设施，不仅仅局限于护理需求），消除老龄用户使用中的恐惧和排斥心理。

第三，避免尖锐的部件装配和使用，最大程度地保证老龄用户的安全（床的功能部件不能太裸露，应给用户居家家具的感觉）。

第四，对附加功能进行筛选和整合时适当地对其进行增减，选择增加适合家庭环境的功能，减少或弱化医疗场所所需要的附加功能，附加功能部件不破坏整体造型与功能（附加功能部件可以增减）。

第五，改进家用多功能床的床头、床尾和护栏，设计出不同于市场上现有的造型，给用户以全新的体验，并且通过结构变化，改善其易用性（造型设计符合审美，增加多种形式的护栏）。

居家适老化多功能在床人机方面应具备的功能如下：

第一，平躺。这是居家适老化多功能床必备的、最基础的功能。

第二，起背功能。下肢瘫痪老人行走不便，但是上肢可以正常活动，起背功能既能实现各种体位的变换，也能方便老年人在床上完成更多的日常活动，丰富日常生活。

第三，曲腿功能。通过床板的移动，实现老年人曲腿动作，该功能可以改变老年人下肢体位，促进体内血液循环，降低褥疮等并发症的发病概率。

第四，基础训练功能。使老年人在康复床上就可以接受基础的康复训练。

第五，升降功能。升降功能可以满足转运老年人时与不同高度的器械对接。

第六，辅助器械。设计增加可移动边桌，方便老年人在床上的日常生活。

居家适老化多功能床的部分人机参数如下：

（1）起背部分人机参数：背部支撑板与水平夹角为 0°～70°，背部支撑板长度为 590 mm。

（2）曲腿部分人机参数：大腿板长 370 mm，小腿板长 560 mm；曲腿向上时，大腿支撑板与水平夹角为 0°～30°，小腿支撑板与水平夹角为 0°～20°；曲腿向下时，小腿支撑板与水平夹角为 0°～15°

（3）升降部分人机参数：床面升降高度 440～630 mm，上床架与床板总高 250 mm。

（4）护栏部分人机参数：床栏的高度不小于 350 mm，长度不小于 800 mm。

（5）移动边桌部分人机参数：桌板长 900 mm，宽 400 mm，桌面采用三级防火 MDF 板；边桌高度为 600～710 mm 可调，采用 304 不锈钢钢管。

（二）居家适老化多功能床的模块化设计要素

居家适老化多功能床模块化的设计要求如下：

第一，绝大多数老龄用户最关心的是家用居家适老化多功能床的功能，都要求家用居家适老化多功能床有靠背升降功能。

第二，大部分老龄用户要求有护栏，帮助其起身和坐下。

第三，部分老龄用户希望家用居家适老化多功能床可以移动。

第四，部分老龄用户对于增加附加功能模块有兴趣，希望能实现一物多用。

居家适老化多功能床的模块划分方面主要分为以下几个模块：

（1）防护结构：包括了床头、床尾和护栏三个子模块。

（2）支撑结构：包括了脚轮、支撑钢架、靠背床板、臀部位置床板、大腿部位床板和小腿部位床板，而脚轮与护栏同理，又划分为前端脚轮和后部脚轮两个最小模块。

（3）运动结构：包括了电机、前升降装置和后升降装置。

（4）操作结构：主要包括操作面板。

（5）其他必要结构：包括床垫等辅助结构与设施。

二、居家适老化多功能床的设计分类

通过前期的设计定位（包括居家适老化多功能床人机工程学设计和模块化设计两个部分的理论层面的基础性研究）与总结分析，结合适老化产品设计的经典案例，以及居家适老化多功能床的设计案例，为后期设计实践提供基础，具体设计实践将居家适老化多功能床划分为三个不同的设计方向，以便于更好地满足不同生理状况的老年用户需求。

三、居家适老化多功能床的设计实践

（一）面向重度失能老人的居家适老化多功能床设计实践

1. 方案一

（1）设计定位。该方案定位居家完全失能的老年用户，其行为特征包括下肢或全身瘫痪、上下床和翻身等需要辅助、大部分时间在床上、多功能床的护理模块使用频率较高等。床的设计方面更注重其功能与操作，侧重于满足失能老年用户的生理功能。关注床面和床垫的舒适性，床体升降和帮助失能老年用户改变体位特征等设施。与此同时，产品使用环境为日常居家环境，形式上更加简洁温馨。

（2）设计说明。本居家适老化多功能床的设计方案由基础模块与附加模块构成。

其中，基础模块主要有以下几个部分：第一，前后可升降床体。床体设有前后两个升降模块，每个模块配有升降电机，根据实际需要抬高或降低床面高度。可整体升降或局部升降，便于将失能老年用户从多功能床转移到其他辅助护具上。第二，可调节角度床板（背板、坐板、腿板、脚板）。多功能床背板、坐板、腿板、脚板可根据用户的需要自行调节角度、便于失能老人完成坐起和躺下、曲腿和伸腿等相对应的生理动作。第三，滚动式助力翻身床单。床单为一体两面式，包裹在一侧护栏滚轴上，同时铺在床垫上，通过摇杆手柄转动摇杆带动护栏滚轴转动，使床单循环转动。此基础模块便于帮助失能老人换床单和在床上完成翻身动作，以及从床向其他辅助护具转移。第四，多功能床垫。床垫材质具有透气性强、高弹力等特点，同时对其进行适当的分割使其可根据床板角度的调节而发生形变。此基础模块便于搭配使用多功能床，增加失能老年用户的使用舒适性。第五，可调节高度护栏。床体配有可调节高度的护栏，护栏可在床头与床尾板护栏滑槽内的相应区间内滑动，不需要时可滑动至床面高度以下。此基础模块便于对失能老年用户进行有效防护和转移。第六，4 个独立控制万向轮。多功能床的床底配有 4 个独立控制锁定与活动的万向轮，锁定和活动时通过调节轮锁摇杆来完成。此基础模块便于在居家环境中完成多功能床的转移和固定。

此外，附加模块主要包括三个部分：第一，多功能拉环。多功能床的床头可选配多功能拉环，拉环可在床头金属滑杆相应的区间滑动以便调整位置，拉环的高度可通过伸缩进行调节，同时拉环角度可通过旋转调节。次附加模块便于下肢瘫痪老人通过上肢借力完成一些生理动作，进行康复训练或挂放衣物。第二，可调角度床头灯。可选配的床头灯可在床头金属滑杆相应的区间滑动以便调整位置，同时可根据用户需求调整至合适的角度和位置。次附加模块便于老年人在床上阅读和起夜照明。第三，拆卸式床尾储物架。床尾储物架可在床尾金属滑杆相应的区间滑动以便调整位置，同时满足用户收纳一些床上用品的需求。

2. 方案二

（1）设计定位。该方案定位居家重度失能的老年用户，床的设计方面更注重其功能与操作，偏向于居家环境中使用的护理床，形式上更加简洁直观。除了床的主体具备高度调节以及各床板之间的角度调节功能之外，还包含一些其他辅助型功能设施供用户自行选配，选配的部件需安装在床的主体上。该居家适老化多功能床背板、大腿板和小腿板可根据用户的需要自行调节角度，同时床体的高度可以升降，床底部配有可移动式的轮子，床头部分配有拉环供老年用户借力起身，同时配有照明设备。附件中包含可移动式小桌板，小桌板的高度和桌面倾角都可根据需要自行调节。

（2）设计说明。本居家适老化多功能床的设计方案由基础模块与附加模块构成。

其中，基础模块主要包括三个部分：第一，可调角度床板（背板、坐板、腿板、脚板）。此基础模块可方便老年用户坐起躺下曲腿以及一些日常活动。第二，可调高度护栏。用户可根据自身的需求将护栏调整至任意的高度，也可将护栏调整至床面高度之下，也可帮助老龄用户借力起身。第三，床底移动设施。4个角均装配可固定万向轮，方便整个床体的移动和固定。

而附加模块主要包括三个部分：第一，可移动床边桌。此附加模块可移动，可调节高度、角度，方便与护理床之间整体拆分，满足用户在床边看书读报等需求。第二，可调高度的床架。通过电机和连杆机构，方便老龄用户上下床以及与其他护理设备对接（医用床、轮椅等）。第三，辅助设施。床头灯，满足老龄用户起夜照明、读书看报等功能。拉环，满足老龄用户起身辅助以及康复保健的需求。

（二）面向轻度失能老人的居家适老化多功能床设计实践

1. 方案一

（1）设计定位。该方案定位居家轻度失能的老年用户，其行为特征包括：独自完成日常生理行为有一定的困难，需要外界的辅助，通过多功能床协助其日常生活，多功能床的护理模块使用频率相对较高。其心理特征包括较为渴望通过辅助器械协助完成生活中的行为活动，但对于形式感上专用的护理类产品存在抵触心理。床的设计方面更注重其人机功能与形式感，侧重于满足半失能老年用户的生理功能；同时要注重产品外在的形式感，应与居家舒适和温馨的环境相融合，尽量减弱半失能老年用户对使用产品时心理上产生的恐惧和抵触。

（2）设计说明。本居家适老化多功能床的设计方案由基础模块与附加模块构成。

其中，基础模块主要有以下几个部分：第一，可调节角度床板（背板、坐板、腿板、脚板）。多功能床的背板、坐板、腿板、脚板可根据用户的需要自行调节角度，协助半失能老人完成坐起和躺下、曲腿和伸腿等相对应的生理动作，增加其使用时的舒适性。第二，多功能床垫。床垫材质具有透气性强、高弹力等产品特点，同时对其进行适当的分割使其可根据床板角度的调节而发生形变。此基础模块便于搭配多功能床使用，增加轻度失能老年用户的使用舒适性。第三，可调节高度护栏。床体配有可调节高度的护栏，护栏可在床头与床尾板护栏滑槽内的相应区间内滑动，不需要时可滑动至床面高度以下。此基础模块便于轻度失能老年用户上下床。第四，可拆卸式床尾板。用户可根据自身实际需要拆装床尾护板，满足不同居家环境中的使用需求。第五，床底部移动设施。多功能床的床底配有 4 个万向轮，可根据需要将万向轮设为固定或移动模式。此基础模块便于用户在居家环境中自主完成多功能床的转移和固定。

而附加模块主要包括两个部分：第一，可升降床架。床体设有可升降床架，床架下方配有升降电机和相应的连杆机构，可根据实际需要抬高或降低床面高度。此基础模块便于半失能老年用户上下床。第二，可移动和拆卸式床边桌。床边桌可根据实际需求移动，调节高度、角度，方便其与床之间整体拆分，满足用户看书、读报、用餐等具体使用需求。

2. 方案二

（1）设计定位。该居家适老化多功能床的整体形式与居家家具类似，能更好地融入家庭环境中。在设计上采用了大床的方式，床的主体包含两个模块，分别是普通床架和多功能床架，两个床架由于功能不同即分别配备不同类型的床垫，普通床架配备的床垫较厚，而多功能床架配备的床垫则较薄。用户使用时可根据自身需要进行选择，同时针对多功能床架包含的基础模块功能之外也具备附加模块供用户选配，包括可调节高度的盥洗桌和多功能设施，这两个附加模块与床的主体部分分开，可独立使用。

（2）设计说明。本居家适老化多功能床的设计方案由基础模块与附加模块构成。

其中，基础模块主要包括三个部分：第一，普通床架。此基础模块可满足轻度失能老人或护理人员的需求。第二，可调角度床板（背板、坐板、腿板、脚板）。

此基础模块可方便用户坐起、躺下、曲腿以及一些日常活动。第三，可调节高度的床架。用户可根据自身的需求调整床面高度。

而附加模块主要有三个部分：第一，可调节盥洗桌。此基础模块便于护理人员帮助用户在床边进行擦洗，盥洗桌面的高度可通过高度调节螺母进行调节和固定，同时盥洗桌底部配有万向轮方便移动。第二，多功能设施（拉环）。拉环平时通过伸缩杆收纳于多功能设施主体中，使用时通过折叠的方式打开，用户可自行调节和固定高度，满足用户借力起身和下床需求。拉环所在多功能设施底部配有万向轮方便移动。第三，可移动床边桌。床边桌可通过折叠的方式进行打开和收纳，根据用户实际需求调节合适的高度，桌板中间部分可调节翻折角度以方便用户使用。

3. 方案三

（1）设计定位。该居家适老化多功能床设计要点在于其整体形式与居家家具十分相似，能更好地融入家庭环境中。与此同时，它既能满足普通用户的需求，也带有适老化护理模块可供选配以满足轻度失能老年用户的需求。

（2）设计说明。本居家适老化多功能床的设计方案由基础模块与附加模块构成。

其中，基础模块主要包括三个部分：第一，可调角度床板（背板、坐板、腿板、脚板）。此基础模块可方便用户坐起、躺下、曲腿以及一些日常活动。第二，可拆卸床头（尾）板。此基础模块满足不同用户的使用需求。第三，可调高度护栏。用户可根据自身的需求将护栏调整至任意的高度，也可将护栏调整至床面高度之下，同时床体左侧护栏可根据需要选配。

而附加模块主要包括三个部分：第一，床底移动设施。4个角均装配可固定万向轮，方便整个床在居家环境中移动和固定。第二，可移动床边桌。床边桌可移动，可调节高度、角度，方便与床之间整体拆分，满足用户看书读报等需求。第三，可调高度的床架。通过电机和连杆机构，方便老龄用户上下床以及与其他护理设备对接（医用床、轮椅等）。

4. 方案四

（1）设计定位。该方案定位于居家养老的轻度失能老人，此类老年人的行为特征包括部分行动有困难，需要相关辅助完成，心理特征为对相关的辅助器材具有抵触心理等。因此，在产品的造型上需要注重情感化设计和人机交互的顺畅，通过 CMF 设计，在保证功能的前提下，达到"去适老化"的效果，满足此类老年人不服老的心理，减少产品与用户之间的隔阂。

（2）设计说明。该护理床方案的设计注重外观造型与家庭环境的适配，为用户提供了基础的护理功能和附加的实用功能。

其中，基础模块主要有以下几个部分：第一，可升降床体。床体高度可调节，实现不同高度的切换，方便适应不同的功能需求。第二，可调节床板。背板可旋转至 70°，腿板可实现抬升功能，使老年人在床上实现完全放松。第三，隐藏式侧边护栏。侧面护栏防止老年人睡觉时跌落，不用时可合并至床板内侧，保持床体造型的整体性。第四，折叠式床边扶手。针对半失能老年人腿部力量减弱，站立困难的特征，加装了折叠式支撑，为老年人站立时提供支撑，体积小巧，便于操作。

而附加模块主要包括三个部分。第一，床头灯。侧面发光，避免光线直射眼睛；灯头可调节，满足不同活动的需要。第二，USB 接口。此附加模块顺应用户需求，通过细节功能的增加，提升用户体验。第三，遥控器。此附加模块方便操作，界面简洁明了，减少老年人的学习成本。

（三）面向健康老人的居家适老化多功能床设计实践

（1）设计定位。该方案定位居家健康老年用户，其行为特征包括日常生活行为完全自理、不依赖他人护理的老年人。床的设计偏向一般化，区别于重度失能与轻度失能老人的护理床，减少机械感。这种设计关注床面和床垫的舒适性，符合人机力学，形式上更生活化。

（2）设计说明。本居家适老化多功能床的设计方案由基础模块与附加模块构成。

其中，基础模块主要有以下几个部分：第一，可调节角度背板。多功能床背板可根据用户的需要自行调节角度，便于老年人完成坐起和躺下的生理动作。第二，多功能床垫。床垫材质具有透气性强、高弹力等特点，同时对其进行适当的分割，使其可根据床板角度的调节而发生形变。此基础模块便于搭配多功能床使用，增加老年用户的使用舒适性。第三，床体内置收音机。床头板内部设有收音机，满足老年用户的娱乐需求。第四，感应式起夜灯。床体两侧的底部设有两个感应灯管，在室内无照明的情况下，老年人双脚触地，起夜灯将自动亮起，防止老年人发生危险。第五，感应式报警装置。报警装置置于床尾板底部，自动检测老年用户的睡眠质量，当老年用户心率出现异常，将自动发生警报，可通知其监护人的移动设备，保障健康老人的生命安全。

而附加模块主要包括两个部分：第一，床头灯。可选配床头灯置于墙面，根据用户需求固定于适当位置。此附加模块便于用户在床上阅读和起夜照明。第二，床头柜。可选配的两个床头桌分别置于床体两侧，可放置药品、水杯、书报等生活用品。

第四章 信息交互设计中的适老化研究

第一节 多通道理论及产品交互设计概述

一、多通道交互理论概述

（一）多通道交互概念

多通道交互（MMI）是指在输入输出过程中使用两个或以上通道与计算机系统通信的交互方式。早在 20 世纪 80 年代，尼古拉斯·尼葛洛庞帝（Nicholas Negroponte）（MIT Media Lab 的创始人之一）就提出了多通道界面的概念。他认为，人可以通过注视、语音、手势等多种交互通道与计算机系统进行交互，即"交谈式计算机（conversational computer）"。尼古拉斯·尼葛洛庞帝在 1984 年的一次 TED 演讲上，向人们介绍用手指操作图形界面的概念，即触觉操控界面。这种生活中最常见的自然交互方式，也是现如今多通道人机交互研究的理想。

多媒体系统的迅猛发展使得人们不满足于多通道的独立运用，更多地关注不同通道之间的协同操作，即将人的眼动、语音、触摸、手势等多个通道系统的自然整合过程作为多媒体系统输出的指导，可使人们获得更大的交互自由和更自然的交互体验。在人机交互领域，通道一般指人的感觉，如视觉、听觉、嗅觉、触觉、味觉等。由此看来，多通道交互注重对用户的两种或以上感觉的整合，以此实现人与产品之间的自然交互。

（二）多通道交互的特征

1. 充分利用各种通道、设备及交互方式的互补性

人的五官各司其职，人们通过不同的感觉通道获取相应的信息。当其中一种通道（如视觉通道）的使用不能使信息有效地被用户获取时，则需要其他通

道（如听觉通道）的信息辅助，这就构成了感觉通道在功能上的划分与互补。就交互系统本身而言，多通道可以充分发挥各种通道、设备和交互方式的优势，弥补各自的不足，使用户尽可能快速地获取信息，加强交互的自然性，自然高效地提高人机交互的准确率和用户的认知容量。特别要强调"自然语言"这种人类独有的交流手段与其他通道的互补性。无论对于输入（看和听）还是输出（写和说），自然语言都具有比较独特的性质，在信息的表示和处理方式上与其他通道的互补性尤为突出。

2. 灵活选择用户最自然的交互方式

各种通道在功能上是相互交叉、相互融合的，它们之间在某些情况下具有可替代性。这就意味着用户可以根据自己的习惯、偏好去选取最自然、适合自己的交互方式。与此同时，多通道的使用让用户避免生硬的、不自然的、频繁的、耗时的通道切换，从而提高自然性和效率。多通道系统能够带给用户更多的操作方式选择的同时，提高交互系统的鲁棒性。其中一个通道受到限制而导致信息获取不充分时，用户可以灵活地自主选择别的通道，这在一定程度上也增强了用户对环境的适用性。对于老年人、儿童、残疾人等弱势群体来说，多通道交互的优势体现尤为明显。他们由于年龄或先天原因造成某个通道系统的障碍，需要别的通道予以辅助才能完成一定的交互流程。比如传统的轮椅需要使用者用双手来操控方向及向前推动作为前进的动力，但是对于那些行动不便、动作迟缓的老年人以及失去双臂、无法行走的残疾人来说是不可能完成的任务。

3. 消除用户生理及心理资源的竞争

从心理学和工效学角度对多通道交互进行解读，在交互设计的过程中有效资源的不合理分配会造成用户不同程度上的生理、心理压力。

就生理层面而言，交互设备对用户"生理资源"具有竞争问题，即用户本身具有接收信息的能力和设备的交互平衡问题。传统界面在这方面的缺陷突出地表现在用户在完成特定任务时繁忙的双手、眼花缭乱的双眼和空闲的其他通道形成的鲜明对比。比如，如今多媒体信息的传播大多集中于视觉通道，用户需要通过眼睛捕获越来越多的菜单类目、层级信息。视觉通道的资源被利用到了极限，听觉、触觉通道却被闲置，多通道交互将听觉通道和触觉通道的利用合理配置，以缓解生理资源的竞争。

就心理层面而言，更深一层的竞争则是由于完成交互所需的用户感知和行为集中于单一通道，而引起的对用户"心理资源"的竞争。认知心理学的相关研究中提到在将生理、心理资源运用到不同的任务中时，信息是可以同时被人接收并处理的。比如，用户可以在进行视觉搜索的同时接收语音提示信息，这不仅不会给视觉通道带来拥堵，反而能通过听觉通道加深用户印象，加速交互流程的进行。多通道交互可使任务合理分配、并行处理，减轻用户的认知负担，消除用户心理资源的竞争，缓解心理压力。

（三）多通道交互的组成

人机交互（Human-Machine Interaction）一般是指为完成确定任务，人与机器（我们通常所说的产品）之间互通信息的一种途径。多通道则是在此过程中用于传达产品信息，使得用户有效地获取信息的各类通信信道。人机交互系统的信息处理模型认为人在接受刺激信息后通过多通道感知系统、认知系统和反应系统进行信息处理并做出行动。

计算机的输出信息通过多通道感知被眼睛、耳朵、手指等感觉器官接收后，传输到感知处理器，形成用户的初步认知。由于用户个体的差异性，思维处理器将用户的初步认知储存为短时记忆或长时记忆。与此同时，用户已有的认识使他们做出反应，通过输入设备实现相应的操作行为。德国心理学家艾宾浩斯研究发现人类大脑对新事物的遗忘在学习之后就已经开始，依据此遗忘规律绘制了著名的艾宾浩斯记忆遗忘曲线。输入的信息在经过人的注意过程的学习后，便成了人的短时记忆，但是如果不经过及时地复习，这些记住过的事物就会被遗忘；而经过了及时地复习，这些短时记忆就会成了人的一种长时地记忆，从而在人脑中维持很长的时间。就用户使用层面来说，在对产品的某一个操作熟悉并经常使用后，短时认知就可以转换为长时习惯，从而得心应手地被用户使用。

从具体组成部分来看，多通道感知系统主要涉及视觉、听觉和触觉三个感觉通道的感知和效应通道（如语音、手势等）的反馈，感觉通道主要用于感知信息，效应通道对感知的信息进行处理和动作执行。在人机交互领域中，除了鼠标、键盘等传统的人机交互效应通道外，自然交互效应通道还包括语音、手势、表情、视觉等。

1. 视觉通道交互

视觉是人类最直观、最自然的信息获取和意识表达的通道，据统计，人类80%的信息是通过视觉获取的，视觉是人类认识世界、改造世界的一个主要途径。视觉在统整其他感知觉工作中有着重要的作用。如果视觉通道出现缺陷，将会影响其他知觉对所获取知识的组织与消化。视觉通道也经常被称为"视觉—眼动""眼睛盯视输入"等，其关键是对视线方向的跟踪与检测网。因此，也有人称视觉交互通道为"视线跟踪"人机交互技术。早期的视线跟踪技术主要应用于心理学研究（如阅读研究）、医疗领域。现有的眼动跟踪技术用以捕捉人眼球运动的轨迹和方向，从而探究影响人的视觉注意的因素，并应用于图像压缩及人机交互技术中。

2. 听觉通道交互

人天生对声音的感受力特别强，听觉适应所需时间很短，恢复也很快，因此声音刺激在人机交互中的作用也是毋庸置疑的。人脑在对声音信息进行加工时，从认知心理学的角度可以将流程分为以下五个阶段：

感觉阶段—刺激识别阶段—反应选择阶段—反应准备阶段—反应执行阶段

刺激的识别对反应的选择、准备和执行起到一定的导向作用。从声音的属性来看，当不同响度、音高和音色的声音信息传入人耳时，所引起的感觉是不一样的。在信息的加工过程中，并不一定所有的信息都被同时地传递到下一个阶段，特定的环境以及干扰都会成为声音信息加工的影响因素。从声音信息的内容来看，不同形式声音的刺激可以起到不同的效果。在人机对话方面，寻求最好的语音信息交换手段是发展人机语音通信和新一代智能计算机的重要组成部分。语音识别技术是对经由听觉通道的信息进行应用的技术，计算机通过识别和翻译的过程把声音信息转化为相应的文本文件或命令技术。

3. 触觉通道交互

手动操作（如触摸、指点式交互方法）也是人机交互中经常使用的方法之一，手动操作方法的特点是直接、精确和可靠。在人与计算机机器设备等的交互过程中应用得非常广泛，如鼠标、触摸屏等接触式指点和按压通道已经成熟得应用在人与计算机的交互中。另外，指点式或触摸通道可以作为其他交互通道的辅助方法，对人机对话过程的提问进行确认、判断等。比如在人与机器设备间进行交流时，一个简单的指点或按压操作就可以完成一个交互任务，这种简单的交互方法特别适合行动不便的残疾人和老年人，通过这些方法可以帮助他们表达思想、感情，实现与机器人、周围环境的交流。又如，用户在各大银行 ATM 机上的操作，直接利用手在显示屏上进行相应的点击或触摸，即可完成快捷存取款及明细查询。

多通道交互系统中信息的处理和储存是以用户界面作为载体的，视觉、听觉和触觉交互都以不同的方式完成对信息的输入输出针对视觉、听觉、触觉通道的不同感知特性。

二、产品交互设计理论概述

（一）产品交互设计概念

交互设计是指能够使人与产品之间产生友好互动的设计方法，它是一门关注用户交互体验的学科，对人机工程学、认知心理学、行为学、可用性工程等相关领域都有涉及。其概念最早是由世界著名工业设计公司 IDEO 的创始人之一比尔·摩格理吉（Bill Moggridge）于 1984 年提出的。交互设计支持人们日常工作与生活的交互式产品，人类生活是建立在交流基础上的生活，信息交流的根本是对话，人从出生就开始利用感官、情感、联想和已有知识与周围的产品和环境进行某种形式的对话。交互设计超越了传统意义上的产品设计，它是用户在使用产品过程中能感受到的一种体验，也是由人和产品之间的双向信息交流所带来的，具有很浓厚的情感成分。好的人机交流是把计算机的优势与人的长处相结合，而不是让计算机去模拟人。这有利于让人与交互对象的关系更加合理，从而得到人和交互对象相得益彰的相处方式。在理论层面，交互设计一开始主要研究人机工程学的相关理论，后来更加强调对认知心理学、社会学、行为学等学科的理论指导意义。在实践层面，实现了由最初的"人机界面"向"人机交互"的转变。交互设计是界面设计从设计的本能层上升到行为层乃至反思层的飞跃，对于人们理性地理解设计行为有着重要意义。

人与计算机传递和接收信息的用户界面是交互系统的一个环节，交互设计更加重视用户和产品在行为上的交互和过程以及计算机通过人的输入产生的交互反馈作用。总的来说，人机交互设计经历了一个从人适应产品到人与产品相互适应、相互配合的发展历程，大致可以概括为初创期、上升期、发展期、繁荣期四个阶段。

初创期（1970—1979 年）限于人机工程学层面，考虑如何才能减轻操作设备时的疲劳等方面，多集中于工程设计，解决的问题以设备或者计算机本身的问题为主。

上升期（1980—1995 年）人机交互学科从人机工程学独立出来，形成了自己的理论体系和时间范畴的框架。它更加强调认知心理学、行为学、社会学等综合学科的理论因素，实现更综合的设计逻辑，强调交互过程中产品的反馈作用。

发展期（1996—2006 年）研究重点转移到智能化交互、多媒体交互、信息沟通及反馈、虚拟交互以及人机协同交互等方面的研究。强调以人为中心进行人机交互的探素，全面提升产品的人性化和易用性，用户需求成了最重要的设计指导指标。

繁荣期（2006 年至今）不再局限于软件界面，产品的实体界面也变成用户主要交互的媒介，即强调对用户行为的研究，设计重点也倾向于降低用户与产品信息交流和反馈的效率上。

人机交互的核心是"以人为本"，强调使用者的中心地位。其主张从人的生活方式、行为特征出发，所有设计都应该围绕"人"这个用户的需求而展开，以实现其最终目的。与此同时，以用户体验为基础的人机交互需要考虑用户的生活背景、生活方式、使用经验以及操作过程中的心理感受，从而设计出符合用户最终目标的产品，使他们有效完成且高效使用。从用户角度来说，交互设计使产品易视、易学、易用，满足他们工作、生活上的不同需求，为他们带来更舒适、更愉悦的使用感受。

（二）产品交互设计的流程

产品交互设计过程是一个产生易用、易学并且令用户愉悦的产品的过程，设计前期需要充分了解用户的预期目标，为后期明确产品定位和设计方向做足准备。因此，产品交互设计的流程大致可分为以下四个阶段：

1.用户调研，建立客户需求

首先需要对目标用户进行了解，并确定产品设计目标。通过市场观察、用户访谈等定性调研手段以及问卷调查等定量调研手段对用户进行深入挖掘，包括对他们的行为习惯、日常偏好、使用环境等因素进行深入跟踪调查，从而获取明确的用户需求。在此基础上建立目标用户的行为特征模型，为接下来的交互设计和可用性评估做充足准备。

2.提出方案，进行概念设计

对前期用户调研结果进行归纳分析，进一步细化并理解用户的特定需求。通过创建场景或故事版、模拟人物角色，对目标用户的使用特点进行研究，得出适合目标用户的交互行为和设计要素；进而提出初步设计方案，绘制用户界面低保真原型，建立产品初步模型。

3.深入细化，产品交互设计

（1）交互原型设计。原型是指用来确认需求和不确定性的，也可用作为最终产品形态的参照物。在这一阶段，对产品操作的具体步骤层级以及特定动作进行设计，将产品概念形象化，简单地说就是指用户的某个操作动作会引发什么样的操作，这个过程同样需要考虑用户体验的因素。

（2）产品设计。依照目标用户的需求对现有产品的外观和功能进行改良，这个过程同样需要考虑影响用户交互行为的因素，包括产品的造型颜色、按键的形状大小、用户界面的角度位置等，以此建立实物模型。

4.可用性评估及优化

可用性评估就是在设计结束之后检验产品是否很好地被用户使用，即对可用性、易用性的评估。这是一个不断循环的过程，可能涉及很多方面的因素，包括产品功能、视觉呈现、操作难易等。设计师会在用户进行相应操作时进行观察和数据记录。根据用户的评估结果，设计师可以发现其中的问题，对已有的设计方案进行改良修正，以求带给目标用户更好的使用体验。

（三）产品交互设计的方法

根据目前现有的案例总结，从用户的需求角度出发，常用的交互设计的方法分为以下三类：

1. 以用户为中心的设计

以用户为中心的设计强调用户的主导作用，在产品设计、开发、评估的各个流程从目标用户的需求感受出发，强调用户优先的设计模式，而不是让用户去适应产品。采用以用户为中心的设计方法可以充分了解用户的需求，减少用户的学习成本，提高产品的易用性、满意度以及用户体验。无论产品的使用流程、产品的信息架构、人机交互方式等，都需要考虑用户的使用习惯、预期的交互方式、视觉感受等方面。例如通过语音、触摸、震动等人机交互方式，让盲人能像健全人一样使用手机进行自如地交流；通过增大界面按钮，增加文字对比度，减少任务操作步骤，提供语音提示相关帮助，让老年群体也能享受互联网服务的便捷；通过轻松、有趣的多媒体互动方式对儿童进行启发教育，激发他们的学习乐趣。

2. 以活动为中心的设计

以活动为中心的设计主要强调行为活动的引导作用，需要关注任务和目标，围绕完成任务所需的一系列决策和动作展开设计。因此，这就需要设计师密切关注与用户行为活动有关的交互，留意用户体验之外可能被忽视的某些环节，给出综合性的解决方案，帮助用户实现超越其预期的设计目标时。例如"微信"的"摇一摇"功能就是一个典型案例，利用人们生活中与人打招呼的"摇晃"手势，让人感受到友好的同时拉近了人与人之间的距离。

3. 系统设计方法

系统设计是将用户、产品和环境等要素构成的系统作为一个整体进行综合的考虑，分析各组成要素的作用与相互影响，根据这个系统的整体目标提出合理的设计方案。系统设计能够以全局性的视角来审视使用场景以及系统组成要素之间的相互影响、协助配合，也是一种非常理性的设计方法。在进行系统设计的过程中，需要明确系统中各个要素及其关联。因此，在进行系统设计时不仅应当将用户作为目标，关注用户与场景的关系，通过多维度的系统思考给出一个满意的解决方案。

在设计的过程中设计方法的选择无所谓对错，重点在于设计方法的应用能否有利于最优的设计目标与设计结果的实现。换句话说，就是建立起用户与产品之间的联系，充分发挥不同方法的优势，融会贯通，灵活运用，输出优秀的设计方案。

第二节 基于视觉选择性注意的信息交互设计适老化研究

随着老年人口的不断增长，中国正逐渐步入老龄化社会。随着互联网取代传统媒介的过程不断深入，以及信息技术的不断发展与成熟，如何迎合老年群体的上网需求开始成为一项研究逐渐被重视，并得到了一定的帮助与支持。互联网对于老年人群来说是一个全新的技术，随着年龄的增长，生理和心理机能不断退化，记忆容量、知觉和感觉能力以及思维加工能力衰退，再加上固有的思维定式，老年人更难接触和驾驭互联网。因此，老年人对互联网使用的需求，应该引起设计师的关注思考。

信息化社会的到来使电子产品与我们的生活紧密相连，随着云技术、智能化、物联网逐渐走向成熟，电子产品的使用和操作方式也发生了根本性改变，从传统的按键式操控到界面式操控，产品间的功能联结也更加紧密，这对产品数字界面交互设计提出了新的设计要求。老年人对电子产品有着相当大的使用需求，由于视觉特性的年龄性差异，老年产品数字界面也应有针对性的设计研究。

一、视觉选择性注意与界面交互适老化机制构建

（一）视觉选择性注意概述

从视觉注意和视觉认知之间的关联可以看出，视觉注意的选择性是基础，主要体现在高效处理关键视觉信息，摒弃部分信息。从人的角度来看，是从场景中选择事物来观察的过程，这个过程即是视觉选择性注意。视觉选择性注意在心理学和神经生物学领域的研究指出，视觉选择性注意机制大致包括两个方向，分别是自上而下和自下而上。外显性因素主要指外界刺激信息的对比所引

起的注意加工过程的显性因素。

由人本身控制产生的则是自上而下，受人内部状态驱使，控制其产生的是高层的脑部机制，期望和知识等都会成为影响因素，这些因素即是视觉选择性注意的内源性因素。

视觉选择性注意的外显性因素和内显性因素不能割裂开来单独研究，两者是相互联系的。若想研究人本身的视觉选择性注意是受哪些因素影响的，就要求设计师从整个视觉机制的内里出发，掌握深层次的影响因素，有目标地强化任务特征，合理引导用户视觉注意，完成预期操作。

对老年和青年被试对象进行对比实验，针对注意选择能力进行测量考察，即当刺激在不同维度上变换时，注意能否灵活地选择目标，或者是否能排除其他无关信息。有效使用注意资源的控制能力，能反应注意选择能力，迅速并准确地选择目标是进行有效的认知加工的前提。老年人相对年轻人在主要选择能力方面，表现出显著的衰退。年轻人的注意能力具有显著优势，能够快速地响应视觉信息并排除干扰性信息。而老年人则随着注意度的有限，不能做到灵活响应，受到一定的客观制约。

老年人相对年轻人在视觉选择性注意上大致存在两点差异：一是研究发现，随着年龄增加，老年人的视觉选择效率总体呈现下降的趋势，选择时间延长为主要表现，注视时间延长、注视和回视次数增加也是眼动过程中的主要表现；二是老年人的视觉选择性注意对刺激加工效率降低，感觉加工速度的减慢和工作记忆能力下降是老年人视觉选择性注意下降的原因。

（二）视觉选择性注意对象与界面交互的关系

Web 界面的内容一般包含文字、图片、符号等，它们都是给用户进行阅读和操作的。由于信息时代的 Web 界面内容呈现出"扩张"状态，所以内容本身应该提高传达性。视觉选择性注意帮助用户在信息的大海中找到自己所要的内容。这里网页交互界面内容主要涉及文本信息、图片以及图标的设计。

Web 界面设计中，图片尤其能获取人们的现实生活中解释和沟通的具体信息，图片更容易被网络或者应用程序的用户所熟知以及更好地理解，利用图片来表现辅助内容往往会迅速获得用户的视觉注意。文本信息是 Web 界面中文字内容的一部分，对其进行设计能方便用户理解和阅读。Web 交互界面上的文本信息逐渐增多，使得文本环境变得更加复杂。由于图片传达的文本信息有限，用户需要花费大量的时间和精力去寻找所要的文本内容，用户可否及时有效地关注文本信息是设计面临的一个难题。差异化的文本可以吸引用户的注意力。此外，图标作为交互界面的重要成分，可以简化交互步骤，做出引导，让用户在轻松交互的同时，体验到乐趣并且产生兴趣。从视觉角度上讲，能够影响图标认知的主要包括本身的形状、大小、颜色、对比、图案以及空间布局等，这些都是图标的认知因素。图标的每一个认知因素传达的交互信息。不一样系统的不同用户组的表达方式和表达手段不尽相同。这也就是说，不同人群的认知存在差异，比如提到某些物品时，老年人和年轻人的认知存在一些偏差。当界面上使用一些图标时，应该符合用户的认知，进而才能获得他们的视觉注意。

（三）产品界面交互适老化机制构建

在适老化产品界面交互设计中，交互界面的布局作为富有表现力的视觉语言，页面布局直接关乎着用户可以快速找到核心内容或服务，如果用户找不到所要的服务，可能就会选择离开。交互界面中起着基础性作用之一的是界面的形状，作为一种重要的视觉信息设计的一部分，不同的形状有着不同的语义信息，形状设计包含信息编码过程。成功的形状设计使信息可以准确、有效地传达给用户，也就是说人习惯于通过物体的轮廓来辨别物体，形状与页面布局密切相关，包括外形设计和内形设计，外形体现在界面外在轮廓，内形体现在界面内容呈现与分割；在面对交互界面时，用户最先感受到的即是色彩，之后才会去关注界面上的其他元素。人们对界面的第一印象都源于色彩，色彩通过视网膜留在人的大脑中，进而对人的心理活动产生影响；此外，在用户操作界面时，用户能直观地感受到界面质感和纹理。材质特性会带给界面多种多样的特点，即会带给用户不同的感受。

通过对交互界面要素的提取，得到了布局、色彩、形状、材质这四个交互界面中重要的评价要素。基于先前的视觉选择性注意基础研究、视觉选择性注意的主被动行为影响因素，并且老年人视觉注意存在特殊性因此建立了界面交互适老化机制。该机制将界面交互要素及老年人视觉选择性注意主被动行为影响因素通过适老化效果连接起来，连接方式为老年用户的视觉选择注意。

在这里，通过交互要素选择实验和眼动跟踪实验，验证界面交互适老化机制，选取交互要素进行单一对比实验，使用 SPSS 等统计软件分析数据，比较研究老年人视觉注意做出选择的交互要素特征。

二、视觉选择性注意引导下的适老化界面交互实验

（一）交互要素选择的实验引入

研究是在数据收集的基础上进行的，包括主观的视觉注意偏好以及客观的测试，即交互要素选择实验和眼动追踪实验。老年人视觉注意做出选择的评估通过对交互界面的布局、色彩、形状、材质的提取测试实验，对习惯、记忆、知识经验、敏感以及情感的量化采集，处理、分析、统计以及与年轻人的各项数据对比，直至提取老年视觉选择性注意偏好要素特征。

交互要素选择实验通过一系列交互界面的交互要素进行选择测试，要考虑到老年人的适应性生理功能的衰退，例如视觉困难、反应迟缓、注意力不集中、混乱、健忘、容易疲倦等情况。因此，尽量减少测试数量，以便最大限度地提高测试的刺激作用，使参与者能够很容易辨认、理解并在 15 分钟内进行选择。

老年人往往都存在注意力不集中、容易疲倦等问题，所以针对他们的测试必须控制测试的数量和时间，因此需要对测试集进行典型化处理。所谓典型化处理，也就是将原本测试对象数量众多的测试集进行分类，并将每类中最具有代表性的那个测试对象提取出来组成新的测试集，以此达到对测试集进行精简但又不失特征性的目的。传统的针对布局、色彩、形状、材质的测试集的典型化操作都是依靠专家来做的。这种夹杂大量主观人为痕迹的操作方法，往往具有很大的不确定性和不可复制性。因此，采取智能算法对各种测试集进行自动的典型化处理。这种完全摒弃人为操作的做法的优点不仅在于可以节省大量的人力和时间，缩短整个测试的周期，还在于可以使每个测试集的典型化操作更具有客观性和可重复性。

X-means 算法是著名的聚类算法 K-means 算法的改进版本。K-means 作为使用最为广泛的聚类算法之一，其思想就是随机初始化 K 个簇心，按最近临原

则将待分类的样本分到各个簇，随后通过反复自动重新计算并移动各个簇的质心，进而反复重新分配各个分类样本，使得被划分到同一簇的对象之间相似度最大，而不同簇之间的相似度最小。X-means 是 K-means 算法的增强版本，其最大优点就在于不需要人为指定划分的类型个数 K，而可以自动计算出整个测试样本集最适合的聚类个数，也就是说可以达到完全的自动化。

在采用 X-means 算法自动进行测试集的典型化处理时，作为输入的数据不能是原始的形状样本或者颜色样本，而必须首先对布局、色彩、形状、材质做相应的编码操作。每种布局（色彩、形状、材质）对应一种编码，以编码作为 X-means 的输入进行聚类操作。

首先，进行布局的编码。对于页面布局的编码相对比较复杂，采取眼动识别的相关技术进行编码。如选取常用的 69 个交互页面布局，最终 X-means 算法得出的 6 种布局类型。

其次，进行色彩的编码。色彩的编码方式比较简单，采用 RGB 颜色分类模式，将每个颜色的（R，G，B）值作为输入输进 X-means 算法进行自动聚类。经过迭代，得到 12 个类型。

再次，进行形状的编码。选取目前交互界面中常用的 1000 个形状，将这 1000 个形状编码后，输入 X-means 算法进行自动聚类。经过迭代，算法将这 1000 个形状划分成谜。

最后，进行材质的编码。对于材质纹理的编码，选取 100 个常用材质纹理进行聚类，得到 8 种典型纹理。

（二）界面交互要素选择实验

基于实验目的，让老年组和青年组分别选择自己注意的交互要素，交互要素选择测试方法为组合图片测试法，被试者分别对自己选择的前三位选项的注意程度打分，从 1～5 分，最高分为非常注意，最低分为非常不注意，以此类推。实验过程中测试对象可以提出一些感性词语来描述自己做出选择的原因。

基于对视觉选择性注意的影响因素分析，从视觉注意做出选择因素角度进行衡量，共设置 5 个选项即出于习惯，出于个人记忆，出于个人知识、经验，出于敏感，出于个人情感。

与此同时，要求被试人员对交互要素选择频率最高的前三名选项，从五个维度进行回答，同样采用五级李克特量表进行打分，从 1 ～ 5 分，最高分为非常同意，最低分为非常不同意，以此类推。

就近选取 20 名大学生、20 名老年人进行实验，其中受试者分为老年组和青年组，让两组进行对比实验，老年组一共 20 人（10 个男性和 10 个女性，年龄在 60 ～ 80），青年组一共 20 人（10 个男性和 10 个女性，年龄在 18 ～ 25），进行对比研究。

考虑到老年人的适应性生理功能的衰退，如视觉困难、反应迟缓、注意力不集中、混乱、健忘、容易疲倦等情况，因此，尽量减少测试数量，以便最大限度地提高测试的刺激作用，使老年人能够很容易辨认，理解并在 15 分钟内进行选择。实验过程中，调研人员同时在一旁解释。调研过程中发现，对五种交互要素选择最高频率的前三名选项全部进行评价，完成问卷大概要 15 ～ 20 分钟。

对问卷结果进行量化处理，采用描述性统计分析。视觉注意对界面交互的布局要素、色彩要素、形状要素与材质要素，做出感性选择因素评价，同时选取被选择频率最高的前三位选项进行量化。

1. 视觉注意对布局要素做出选择因素评价

选取得分排名前三的布局要素选项，并让被试者简述选择原因，老年组和青年组之间的选项存在着显著差异，将该组布局运用到交互界面上能达到很好的适老化效果。标准差越小，说明评价越集中，有一种强烈的认同感。

2. 视觉注意对色彩要素做出选择因素评价

视觉注意做出选择的因素评价中，对其敏感评价最高，表明被访者对交互界面的色彩要素的选择很大程度上由于对其敏感，且其他各项影响因素的分数都较高，说明该组色彩要素给被访对象造成了较强的视觉注意。

3. 视觉注意对形状要素做出选择因素评价

视觉注意做出选择的因素评价中，出于个人情感评价最高，表明被访者对交互界面的形状要素的选择很大程度上由于个人情感，且其他各项影响因素的分数都较高，说明该组形状要素给被访对象造成了较强的视觉注意。

4. 视觉注意对材质要素做出选择因素评价

选取得分排名前三的材质要素选项，并让被试者简述选择原因，老年组和青年组之间的选项存在显著差异，说明将该组材质运用到交互界面上能达到很好的适老化效果。标准差越小，说明评价越集中，有一种强烈的认同感。

视觉注意做出选择的因素评价中，出于个人知识、经验评价最高，表明被访者对交互界面的材质要素的选择很大程度上由于个人习惯，且其他各项影响因素的分数都较高，说明该组材质要素给被访对象造成了较强的视觉注意。

视觉注意在布局要素组的评价影响最大，色彩要素组中，敏感因素的相关性最大。各个交互要素与老年人视觉注意做出选择因素的相关性都比较高。材质要素组中，老年人视觉注意做出选择因素评价的相关性低于其他交互要素的相关性，说明老年人对布局、色彩、形状的关注要明显大于材质的关注度。

纵向比较，从影响因素来看，其中色彩要素与老年人敏感因素的相关系数较大，说明正确地使用色彩能提高老年人对交互界面的敏感性，从而增强老年人视觉注意对交互界面元素的选择。其中，形状要素与老年人情感因素的相关系数较大，说明正确地使用形状能激发老年人的情感，从而增强老年人视觉注意对交互界面元素的选择。材质要素与老年人知识经验因素的相关系数较大，说明交互界面使用材质时应考虑老年人的知识经验，从而增强老年人视觉注意对交互界面元素的选择。

（三）实验总结

根据眼动实验对比数据，结合以上信息架构层级深度、界面交互要素选择实验数据，得出老年人视觉注意对交互要素做出选择的动因。

（1）布局要素。老年人对传统规则、对称的布局具有视觉注意偏好，应采用功能设置简单、操作流程简便、占用时间短的信息架构方式。

（2）设计要素。实验结果中红色最先被老年人选择，且紫色、蓝色也受到普遍选择，一方面，老年人对红色等色相表现出视觉注意倾向，另一方面，随着年龄的增长，对青和青绿的识别能力下降，对波较长的光（赤、橙）的识别能力则未见明显下降。在界面设计时应遵循以下几点色彩设计原则：①利用色彩进行视觉提醒。界面设计应该更多地使用高关注和高识别的颜色，去强调关键内容和区域进行视觉提醒，从而指导老年人有针对性的操作和阅读；②充分利用色彩的情感属性。色彩的情感属性可产生心理效应，如联想、思维乃至记忆等，包括色觉的转移、色彩联想、色彩象征以及色彩好恶。界面色彩应唤起老年人的回忆，让他们产生积极快乐的联想，发掘老年群体记忆中共同的美好事物。

（3）形状要素。针对形状特性，提出以下几点交互界面形状适老化设计的建议：一是采用情感属性更强的形状。老年人有丰富的生活经验，符合他们的生活习惯、与记忆吻合、从生活中提取的形状有很强的情感属性。每个形状具有一定的感情色彩，故选择形状时应进行情感设计的考量。二是选择饱满度高的形状。轮廓饱满的形状容易受到老年人喜爱，但尖锐结构更能引起老年人的视觉敏感。

（4）材质要素。材质在视觉方面存在着视觉肌理，不同材料给人的感觉主要是直接从对人类视觉刺激的各种材料，通过视觉冲击老年用户的心理，柔软的材质使老年人的神经松弛，产生舒适、安详的感觉，再与温和的色彩巧妙结合，会产生宁静舒适的气氛。界面的材质设计应考虑这个建议。

三、基于视觉选择性注意的界面交互适老化设计策略

（一）基于视觉选择性注意的交互界面色彩设计

通过交互要素选择实验分析，在交互界面设计中，老年用户对特定的色彩会表现出不同的情感表现。根据老年人和年轻人眼动实验注视点和注视时间数据对比分析，相对其他交互要素，色彩最能引起老年用户的视觉注意。由于色彩强大的刺激性，它本身就能向使用者传递信息，用户的心理容易受到它的干扰。它传达的信息里面常常包含着一种情感和象征，老年用户由于自身的记忆而对不同的色彩有着不同的印象、理解与偏好。

同理，交互界面用色时也应该考虑老年人对色彩的情感寄托，当界面的色彩符合老年人的情感记忆，那么界面就可能引起老年人的视觉注意。当然，色彩情感也可以运用到界面的元素上，表达一些功能。捐助按钮的背景是绿色的，它代表着安全的、可以被访问的，老年用户可以很放心地去点击。但是要把按

钮设计成红色背景，老年人会联想到红绿灯的规则，把它想象成是停止的。虽然实验里老年人对红色表现出偏好，但运用到具体的功能又要进行具体分析。

（二）基于视觉选择性注意的交互界面形状设计

形状之所以会有情感属性，是因为它所包含的图形和线条是一种视觉信号，能够激发人的情感和心理活动。例如，圆形给老年人一种稳定、可靠的感觉，而带有缺口的圆形则显示出不稳定的因素。三角形是最具有稳定性的，而倒三角则完全相反。总的来说，一般情况下对称几何形给老年人的印象是稳定和平衡的。另外，一些有机形态也能唤起老年人的情感记忆，因此，老年人图片多采用对称形状以及有特殊符号象征的有机形态，获得他们的视觉注意。

交互界面的图片是有形状的图像，具有丰富的情感特征。有机形态的图片排版打破了常规，显示出一种特立独行，这种有机形态对于老年人而言，存在很多种可能。方形的图片重叠交叉容易产生严格的和稳定的情绪，圆形图片带给老年人的感觉也可能是动态的。老年用户对不同交互界面里的图片形状产生心理差异，情感也有差异。因此，在交互界面图形应用时选择相应的形状能潜意识地唤起老年人的情感以致获得他们的视觉注意，帮助老年人更好地和界面进行交互。

（三）基于视觉选择性注意的交互界面材质设计

交互界面中的图片背景有时会使用一定的材质肌理，去表达一定的情境。塑料材质的图片背景给老年人百变和轻盈的感受，纤维材质具有柔软而温暖的感受，布料材质具有密集和有序的感受，针织材质具有细腻而舒适的感受，棉麻材质具有粗糙而洁净的感受，而黑色的皮革质感却给老年人带来邪恶野性的感受，但在实验时，老年人的视觉注意选择黄色皮革的概率较高，说明色彩对材质的影响很大。根据文献查阅和定性分析以及实验研究，质感温馨细腻的材质容易获得老年人的视觉注意，在使用交互界面图片材质时，应利用这一点。

（1）增强温度感。实验中发现，对于同样的材质不一样的色彩，老年人的视觉注意差异很大。因为颜色的作用，老年人对材质的温度感受比较敏感。当看到金属就会觉得寒冷，看到木头、毛纺织品等就会觉得温暖。老年人经常感到孤独，渴望被温暖，在材质选择上应更倾向于温暖质感的材料。

（2）减少体量感。老年人对不同的材质也会有质量轻重的感觉。当他们看到石头或者金属，自然会觉得沉重；而面前是棉麻或者羽毛之类的，就会觉得很轻。这些都是老年人的经验在发生作用，体现在视觉上，则在交互界面适老化设计中应尽量选用重量感和力度感低的材质。

（3）减少距离感。沙石被老年人视觉注意选择的概率较高。石头由于其表面粗糙，所以给人感觉易亲近。而表面光滑的一些物品，反射太过强烈，因此给老年人的感觉特别疏远，比如说玻璃、金属、瓷砖等。

第三节　基于用户需求的信息交互设计适老化研究

随着我国物质生活条件和医疗卫生水平的提高，我国居民的死亡率逐渐下降，平均寿命也在不断延长。与发达国家在财富累积到一定程度后才进入到老龄化社会不同，未富先老的现状导致了我国的人口老龄化面临更多的问题。

移动社交是指用户以手机、平板等移动终端为载体，以在线识别用户及交换信息技术为基础，按照流量计费，通过移动网络来实现的社交应用功能。这也就是说，打电话、发短信等传统通信业务不属于移动社交的范畴，而微信、飞信等即时通信软件属于移动社交。移动社交应用将传统的线下及网页端社交活动转移到以手机、平板等为载体的移动终端设备上，这样看似简单的转移却有着巨大的作用：它综合了移动网络和社交服务的双重优势，突破了固定时间和地点的限制，使社交活动变得更为便捷，增强用户黏性，使其应用前景也更为广阔。

综上所述，从老龄化社会和全民移动社交的社会背景出发，通过查阅相关书籍、文献，了解当前国内外关于马斯洛需求层次理论、移动社交和老年学三方面的研究现状。首先，通过与 PC 端进行对比，分析得出移动终端在设备、交互形式和界面内容三方面的特性，进而梳理出移动终端用户体验设计的相关理论，查阅文献及权威机构的数据报告，分析研究当前移动终端社交平台的分类和使用情况。与此同时，深入分析老年学有关老年群体的生理、心理特性及生活形态的内容，从而分析出老年群体的这些特性对产品使用的影响。其次，通过问卷调查法和结构式访谈法的实际调研，研究老年群体的移动终端社交心理和行为模式，构建出产品设计中的需求层次理论模型，并从老年群体的生理、心理特性出发，总结出适老性移动终端社交平台的用户需求层次。最后，以实际项目为例，在适老性移动终端社交平台的用户需求层次的基础上确立产品的功能，进行适老性移动终端社交平台的设计实践。

一、移动终端的用户体验设计

（一）移动终端设备的特性

用户体验设计自 20 世纪 80 年代诞生以来不断深入发展，产生了一系列较完整的理论和研究方法，但一直是以 PC 端为平台。接入移动互联网的移动终端设备直到近十年间才得到快速发展，这就导致了移动终端用户体验设计的匮乏，以及移动终端产品的用户体验实践远超于理论研究的现状。PC 端和移动终端用户体验设计的区别在于两方面，一是设备本身的区别，二是用户"移动"带来的变化。

移动终端指的是一切接入了互联网、搭载各种操作系统的，可以移动中使用的计算机设备。目前的移动终端设备主要包括手机、笔记本电脑、平板电脑、车载智能终端设备、POS 机以及各种可穿戴的设备，其中使用频率最高的移动智能终端设备是具有多种应用功能的智能手机和平板电脑。移动终端和 PC 端的区别很大一方面来自移动互联网和传统互联网的区别。移动互联网由传统互联网发展而来，因此移动终端除了具备传统互联网的开放性、创新性、信息共享性等特征之外，还具备了一些区别于传统互联网的其他特性，如便携性、无线性、实时性、身份可识别性、可定位性与多媒体性。除了互联网技术的区别之外，移动终端和 PC 端的区别还来自设备自身尺寸和其他辅助技术。

（二）移动终端的用户体验设计理论

用户体验设计于 20 世纪 80 年代末期诞生，发展至今已产生了诸多的理论和研究方法。现有的大多数用户体验设计理论都是基于 PC 端的，针对移动终端提出的用户体验设计理论十分缺乏。

（1）环境、用户、系统的用户体验模型。"以用户为中心"（User-Centered Design）是用户体验设计理论的核心思想。一方面，随着使用经验的丰富，用户的参与意识不断增强，需求也日益多样化和私人化，他们渐渐不满足于一成不变的产品功能，这就要求交互设计师必须以用户为中心进行设计；而另一方面，系统和用户都处在特定的环境中，环境会影响到用户的认知与感受。以用户为中心，环境、用户与系统相互联系、相互影响的用户体验模型由此构建而成，这三者互相协同，不断进行多边交互，交互的程度决定了产品的用户体验效果。

在移动终端的用户体验设计中，设备的便携性导致其使用情境复杂多样，对于情境的考虑就显得更为重要，尤其要考虑到如单手操作、网络状况不佳等极端操作情境。位于模型中心的用户通过信息行为与系统的相关联性，用户行为会对系统的交互界面产生直接影响，系统中信息内容的展示也会反过来影响到用户的信息利用从而影响用户对系统的评价。因此，对于移动终端产品来说，系统只有在内容选择上尽可能地满足用户需求，才会给用户带来更满意、愉悦的使用体验。用户通过系统获取所需信息，他们通过相应的一系列行为与系统进行交互，他们获取的信息受制于系统的功能和内容。

（2）基于内容、行为和形式的用户体验。另一个被广泛认可的用户体验模型把用户体验设计划分成形式、内容和行为三个要素。其中，形式要素指的是产品外在的视觉设计，内容要素主要关注产品的功能和信息的设计，行为要素则主要关注交互设计。优秀的用户体验设计会将这三个要素考虑得同等重要。

二、老年群体的特性对产品使用的影响

（一）老年群体的生理特性

中枢神经系统的老化会影响到老年群体的思维和活动。中枢神经系统的衰退导致了老年群体出现记忆力的衰退现象。老年群体对刺激的注意力不够，加之他们从长时记忆中提取有效信息的速度变慢，因此老年群体的记忆能力会较年轻群体明显下降。老年群体记忆力的下降具体体现在三方面：一是他们不能把经历过的事件与想象的事件有效区分；二是他们较难记住信息的来源，尤其当来源相近时；三是他们还会偶尔发生暂时性失忆。相关研究表明，老年群体的有意识记忆力衰退程度较高，而无意识记忆力的衰退程度较低；短期记忆力的衰退程度较高，而长期记忆力的衰退程度较低；数字记忆力的衰退程度较高，

而推理记忆力的衰退程度较低。

第一，认知能力的减退。认知指人认识外界事物的过程，包括感觉、知觉、学习、思维、交流等一系列脑力活动，认知能力反映了老年群体的思维能力。老年群体大脑皮层中神经元细胞的减少会降低电波在大脑中的传播效率，延长他们面对外界刺激的反应时间，从而导致他们认知能力的减退。认知能力减退的直接结果是，老年群体学习一个新知识或新操作的速度比年轻群体慢得多，尤其当所学内容与他们的既有知识或经验区别较大时。第二，语言能力的减退。语言能力包括言语的理解能力和言语的生成能力，其中言语的理解包括理解口头语言和阅读书面文字两方面。语言能力的减退和记忆力衰退密切相关，相关研究表明老年人对语言理解的速度会变慢，这是由于在对语言的理解过程中，老年群体需要回忆听过或看过的东西，他们从记忆中提取有效信息的速度减慢了。

老年群体的另一个巨大的生理变化是感知系统的衰退，其中尤以视觉和听觉的衰退最为明显，而味觉、触觉和嗅觉的敏感性也有所降低。在视力方面，人的角膜会自成年期起渐渐变薄，晶体也会渐渐硬化，灵活度大大降低。角膜和晶体的退化导致老年群体的视觉退化，主要体现在视敏度的下降（包括明暗的敏感度、对比的敏感度和景深感的减弱）、对颜色的分辨能力下降（尤其是蓝色、紫色和绿色等短波长的色彩）、对眩光敏感度的增强以及视野范围的缩小等。此外，老年群体还极容易罹患白内障和黄斑变性等眼部疾病，这两种疾病均会导致老年人视力模糊甚至失明。在听力方面，老年群体的内耳和大脑皮层听觉区供血减少，鼓膜也逐渐硬化，这两方面原因共同导致他们听力的减退。老年群体听力的减退主要体现在两个方面，一是经常性的短时间失去听力，二是听觉范围的缩小，尤其对高频声音的敏感度降低。在触觉方面，老年群体的手部，特别是指尖的触觉会由于皮肤触觉感受器的减少和肢体末端的血液循环系统的削弱而衰退。此外，老年群体骨密度和骨韧性的减弱会导致指关节的僵硬、不灵活，部分老年人甚至会经常出现手部不断颤抖的现象。味觉和嗅觉方面，相关研究表明老年群体对酸、甜、苦、辣、咸这五种基本味道的敏感度均有所降低，这是由老年人味觉感受器数量的减少和外界因素的破坏共同导致的。而老年人的嗅觉也受到不同程度的损伤，甚至不能辨别腐败的食物和煤气味。

（二）老年群体的心理特性

老年群体的心理特征主要包括三个方面的内容：积极心理、消极心理和消费心理。相关研究表明，尽管总体上我国大部分老年群体能够以积极的心理状态去适应老年生活，但在我国部分老年群体中也存在着各种各样的消极心理。根据中国保健协会网的研究报告，我国老年群体常见的消极情感主要有焦虑、疑病、自卑、孤独失落感。把当代老年群体产生这些消极心理的主要原因归结为四方面：第一，老年群体对身份角色及社会地位转变的不适应；第二，老年群体对身体机能衰退的害怕和不适应；第三，亲友伴侣的离去对老年群体生活积极性的打击；第四，老年群体对精神关爱的需求和当前社会家庭养老模式不完善的矛盾。

消费心理指消费者在购买和消费商品时所具有的心理状态。总体上看，老年群体的消费心理与年轻群体的不同体现在两方面：一方面，老年群体消费更加理性，产生冲动型消费和无目的消费的行为比年轻群体少；另一方面，广告及市场流行等外界因素对老年群体消费行为的影响力远远低于年轻群体。从老年群体对产品的功能、价格、使用感、审美的因素来研究老年群体的消费心理。功能需求是形成老年群体消费决策的最主要因素，老年群体更希望他们所购买的商品具有实用性功能，确实能解决生活中的某些不便（如弥补生理上的不足或情感上的缺乏）。价格因素也是影响老年群体消费决策的重要因素之一，与年轻群体相比，老年群体更追求"物美价廉"，即产品的性价比越高，越能引发老年群体的购买欲。产品的功能只有在使用过程中才能得以体现，各个年龄段用户都看重产品的使用感受，而这点对于老年群体更加明显。由于身体机能和认知能力的衰退，老年群体更希望产品易于使用，符合他们固有的生活习惯。老年群体普遍存在着"服老"的心理，对于美和流行的需求不高，求新求异和追逐虚荣的消费心理较少，因此以艳丽外观和创新设计概念为销售卖点的产品通常较难促进老年群体的购买欲。

可见，老年群体的消费欲望并没有降低，只是他们受到长久的生活阅历、丰富的消费经验、更理性的消费心理等多方面因素的影响。这些因素导致老年群体会倾向于购买实用性强、舒适度高而外形设计相对"老套"的产品。

（三）老年群体的生活形态

受教育水平、家庭经济、地域环境等因素的影响，我国的老年群体在生活方式上存在较大的差异，可以把当前我国老年群体的生活形态分为三种类型：进取型、安乐型和消极型。进取型老年群体的生活多姿多彩，他们的休闲娱乐方式十分广泛，对跳舞、游泳、户外运动、棋牌麻将等活动有较大的兴趣。这一类型的老年人性格开朗外向，心态相对较为年轻，易于接受新生事物，并且有着较为乐天的生活观。安乐型老年群体相对较少出门，一天中的较多时间是在家中操持家务，他们的休闲娱乐方式主要是看电视和阅读报刊书籍，也会上网或使用移动终端设备。这类老年人较关注健康，自身往往有着相对稳定的身体状况，心态也较平和。消极型老年群体往往是身体状况较差或离婚、丧偶的独居老人，他们的休闲娱乐方式较少，以看电视、听广播为主极少主动进行社交活动。

（四）老年群体的特性对产品使用的影响

老年用户在使用产品时的具体行为会受到他们生理特性的影响，具体可以归纳为以下几个方面：第一，动作迟缓、频率低、幅度小。一方面，老年群体感知系统的敏感度下降，肌肉、骨骼和关节的活动能力也有所降低；另一方面，认知能力和记忆力的衰退导致他们不敢果断操作。因此，老年用户在与产品交互时的动作迟缓、频率低、幅度小。第二，精确率低、误操作频繁。视听能力、肌肉关节活动能力的下降以及触觉敏感度的降低，大大增加了老年群体使用产品的误操作率。第三，行为受环境的影响大。环境的变更会对用户行为产生影响，这一点对老年用户更为明显，因为他们感知系统的适应性远低于其他年龄段用户群体，嘈杂的环境会对他们造成干扰。

老年用户的心理特征也会影响他们使用产品的结果。将老年用户与产品交互时的典型心理特征归结为两点：第一，老年用户对新产品的接受度较低；第二，老年用户在使用产品时易产生挫败感。老年用户对新产品的低接受度主要源于三方面原因：第一，老年用户具有习惯心理，它指的是老年用户不愿改变在几十年的长期生活中养成的生活方式和行为习惯。总体上，用户的年龄越大，其形成的习惯心理就越稳定。第二，老年用户中枢神经系统退化带来的认知和记忆能力的衰退，大大增加了他们学习接受新事物的难度，这也会让老年用户对新产品产生抵触心理。第三，时代因素的限制导致了当前老年用户不知道如何接触最新的资讯，他们的生活相对闭锁、信息来源少、信息更新周期长，对新产品的了解有局限性。曾经有调查表明，老年用户在使用新产品时会伴随着紧张和焦虑感，而在使用过程中遇到问题时，他们的焦虑感会继续上升。在这种情况下，一些老年用户会变得情绪低落，并产生了一种被社会抛弃的挫败感和自卑心理，从而对所有新产品产生抵触心理，极个别老年用户甚至患上了高科技焦虑症。

生活形态不同的老年人对待产品的态度也大不相同。一是进取型老年群体接受新鲜资讯的途径较多，对新产品的接受度高，因此他们购买和使用新产品的比例显著高于其他类型老年群体。调研显示，当前他们使用网络和移动终端设备的比例也明显高于其他类型的老年群体。二是安乐型老年群体对待新产品的态度相对保守，但是这一类老年人对家庭生活环境的要求较高，因此往往特别关注家居、食物、医疗保健等方面的新产品。他们使用网络和移动终端应用的比例适中，多关注烹饪、养生、股票等网站和应用。三是消极型老年群体对新产品较为排斥，极少会去主动购买、使用新产品，一些老年人会被动地使用新产品。消极型老年群体使用网络和移动终端设备的比例很低，对新兴的医疗保健、家居产品也较排斥。

三、适老性移动终端社交平台的需求层次模型构建

（一）移动终端社交平台老年用户的生理性需求

把用户的认知过程分为本能层、行为层和反思层三个层次，其中，本能层目标是用户使用产品时的感官体验，包括视听效果、加载速度等表象感受；行为层目标是用户对产品功能和内容的目标，也是用户的使用动机；反思层目标则是用户使用产品时产生的心理感受和印象，它是本能层和行为层设计给用户带来的深层次的影响。在此基础上可以把用户目标划分为体验目标、最终目标和人生目标。基于此，根据老年群体的生理特性，把移动终端社交平台老年用户的生理特征需求归结为以下五个方面：

第一，针对老年用户记忆力衰退的特性，适老性移动终端社交平台的界面

信息显示数量应当降低，功能也应当尽量精简。此外，适老性移动终端社交平台最好具有一些辅助用户记忆的功能，如备忘录、日历等。

第二，鉴于老年用户认知能力较低的特性，适老性移动终端社交平台的界面功能应当易学习，并且应当有使用说明，可以随时提供指导信息以辅助用户操作。

第三，老年用户的语言理解能力和语言生成能力均有所下降。一方面，适老性移动终端社交平台的文字信息应当使用老年群体可以理解的通用性词句，避免使用"潮语"；另一方面，应当延长语音信息的限定时间，给予老年用户充分的时间来组织语言。

第四，行动能力的衰退，使得老年用户的生活更加不便，因此，他们希望移动终端社交平台能够为自己提供一些生活方面的帮助，如辅助出行或购物。

第五，感知系统衰退带来的需求。由于老年用户感知系统的减退，产品应该考虑使用多通道的交互方式。一是视觉层面的交互。当前大多数智能产品已经注意到老年用户视力水平的下降，因此在系统设置中应当增加了调节字体大小的功能，但仅仅注意到字体大小是远远不够的。根据老年用户整体视力水平下降的特性，移动终端社交平台的设计要保持界面的简洁性，避免控件过多、布局过于杂乱，避免使用过小的导航、文字、图标。针对老年用户对颜色分辨率下降，尤其是短波长，色彩分辨率低的视觉特性，在移动终端社交平台界面的色彩设计上应尽量避免使用紫色、蓝色等短波长的颜色，多采用红、橘红、黄等长波长的颜色。针对老年用户对比敏感度、明暗敏感度下降的视觉特性，在移动终端社交平台的界面设计上应增强色彩和元素的对比度。考虑到老年用户对眩光的敏感度高，在移动终端社交平台的界面设计上应避免使用互补色的配色和大面积的高明度颜色，以防造成老年用户的突然失明。二是听觉层面的交互。老年用户听觉的衰退影响了他们对外界信息的接收，这增加了他们在使用移动终端时的困惑。针对这一情况，从听觉交互的输入和输出两方面进行考量。听觉输入方面，老年用户通常采用的是语音输入，这种方式比起拼音和五笔更能为他们所接受。听觉输出方面，应避免产生不必要的声音而干扰到老年用户的使用；另外，应保证老年用户对声音信息的重复听取。针对老年用户对高频次的声音分辨率较低的听觉特性，当产品涉及音频提示或引导时，应选用低频的男性声音。三是触觉层面的交互。老年用户的触觉不灵敏，关节也较僵硬，因此在点击界面时易发生误操作。针对这一生理特性，应增大产品界面上各个元素间的距离，同时增大按键面积。在触觉输入方式上，老年群体更习惯使用手写输入法而非五笔和拼音，"手写识别设备"这种便捷的输入方式保证老年用户能高效地完成信息输入。交互手势上，要保证老年用户操作手势的简单、易用，尽量避免屏幕翻页。

（二）移动终端社交平台老年用户的情感性需求

自尊与尊重是人类普遍存在的心理需求，它使个体认识到自己的价值。老年用户在进行社交时，更希望展现自己积累下来的知识、经验和能力，从而得到他人的尊重。因此，适老性移动终端社交平台可以增添用户问答功能，老年用户需要得到鼓励以增强自信心。老年用户在接触使用不熟悉的新产品时往往内心较为胆怯、害怕出错，很多老年人因此对新产品产生了本能上的排斥。适老性移动终端社交平台应当给予用户行为以适当的鼓励，增强他们的自信心与成就感。

一方面，老年用户在使用新产品时喜欢通过固有的使用经验来评价产品的好坏。因此，移动终端社交平台要充分考虑他们现有的使用习惯，在设计中尽量保留。另一方面，老年用户防骗意识强，对移动端应用与陌生社交的安全性本来就持怀疑态度，他们在使用移动终端社交平台时需要确保自己隐私的安全性以及他人的可靠性。同时，老年用户在进行社交，尤其是陌生社交时更偏向找到与自己兴趣爱好相同的人，感受到自己归属于某个特定的群体。因此，适老性移动终端社交平台在产品功能上应适当地加入兴趣社交的内容。

情感共鸣是指用户在使用和评价之后，与产品的理念产生共鸣的体验，如产品体现了自我形象，带来了美好记忆等。因此，可以在移动终端社交平台中融入更多自定义的设计，如相片墙、自定义背景等功能，老年用户可以置入亲人子女的照片，从而与产品产生情感共鸣，使得产品成为与用户生活相联系的一部分。

（三）移动终端社交平台老年用户的潜在需求

潜在需求包括两方面：一是用户经过体验，对产品产生的信任和期许，它是对现有产品的更新迭代设计；二是用户思想观念上已经形成认知，但还未明确显示出来的需求以及用户尚未形成的意识上的需求。出于思想观念方面的潜在需求，则需要从一个社会现象或者问题出发，研究问题产生的原因，从而确定真正要解决的突破口。当前大多数老年人对社交产品的安全性有所顾虑，还有不少老年人认为很多移动终端社交平台没有实际作用，是浪费时间。针对这一现象，适老性移动终端社交平台应当使用实名制，并基于社区或家庭建立社交网络。此外，应当增加用户问答的功能，用户在线上发布某个问题，其他用户可以针对问题进行线上回复。这一社交模式避免了无效社交，促进了平台老年用户间的知识分享，满足了用户的自我实现需求和认知意动需求。

第五章 适老化产品设计研究

第一节 家居产品适老化设计

下面以家居产品为载体，以老龄化用户需求为中心，以适老化设计的相关内容为理论基础，从居家养老的老年人的基本身体机能、认知能力和行为特征，到老年人日常生活与家居产品的关系以及家居产品的适老性等几个方面进行深入研究，结合实际家居产品设计进一步探讨适老化设计的应用价值，探讨真正适用于居家养老的老年生活方式和行为特征需求的适老化设计方法，体现对老年人的人文关怀。

一、感知与认知能力适应性设计

在认知能力及感知能力因子中，基于老年人视力、记忆力和听力能力的设计需求是最为迫切和重要的，因此关注老年人在视力、记忆力和听力方面的需求就显得格外重要。通过对老年人感知与认知能力特征的分析与提取，老年人的居家产品适老化设计方法可从以下几个方面进行探讨。

（一）满足老年人的视觉感知需求

针对老年人视力衰退的设计主要从两方面来考虑。一方面，对于老年人视觉能力的辅助提升，如放大镜、老花镜等辅助提升视力的产品设计。针对老年人视力不佳，又经常忘记老花镜放在哪儿里的问题，国外设计师设计了一款名为 Thin OPTICS 的眼镜。它的特点就是方便携带，可以同老年人的钥匙等重要常用物品联系在一起，需要使用的时候顺手就可以拿来用。此外，它的结构耐用性和功能实用性都非常出色，两个镜片由钛合金弹簧状的桥连接而成，一旦镜片被推出，它可以稳定地被放在鼻梁上使用。

另一方面，产品能适应老年人视力情况的设计，如放大产品局部重要细节，提高产品颜色、光亮或对比度，优化产品功能或操作方式，以及下文提到的其他感官辅助提高产品识别等方法。当然产品设计也必须从老年人、产品及使用场景等去考虑老年人由于视力衰退，他们在黑暗或弱光环境下更加难以通过眼睛辨识物体的情况，因此老年人的家居产品在使用操作时应提供适宜的光照。从放大产品局部重要细节方面考虑，设计师设计的放大（凸面）透明胶带（Zoom-In Tape）提供一定的放大倍率，并且可以轻松地粘贴到标签上。老年人使用的时候，将其贴在药瓶等字体太小内容却极重要的文字上，不需要放大镜或者老花眼镜，就可以轻松阅读。

（二）基于老年人听力下降的现象

老年人听觉的下降会影响到老年人安全便捷地使用带有语音提示的各种产品，因此在设计老年人家用产品时，应注意选择声音的频率不可过高，尽量选择柔和、清晰的声音，同时在操作语音的音色上应尽量选择并使用与环境音对比的声音。针对老年人听力弱化的设计，除了上述通过改善声源或增加扩音功能等方式以外，还可以利用肌理、气味、颜色等加强使用者等感官体验，改善老年人听觉的间接性接收信息的能力以及多感官通道的信息传递，保证信息能被老年人准确地理解。

（三）适度考虑老年人的味嗅觉特征

基于老年人味嗅觉特征设计的产品主要是从信息的辅助传递方面来考虑。但又因为味嗅觉本身感知信息的效率和准确度不如其他感官功能，容易造成信息的传递滞后、低效、错误理解等不稳定情况。因此，在适老化设计实践时应结合居家产品的性能，一方面设置味觉和嗅觉的显示指标，另一方面运用联觉、移觉，将味觉系统中代表图形、颜色、造型等元素利用其他感官通道进行合理的转移。此外，基于老年人嗅觉感知的设计主要集中在植物的芳香性工程方面，芳香的植物能有效缓解老年人紧张不安的情绪，更进一步地提高老年人的睡眠。

（四）满足老年人的触觉感知需求

老年人触觉方面的感知障碍并没有视觉和听觉障碍那么明显和普遍，但我们在设计老年人家居产品时一定要注意其触觉感知能力的变化因素。例如在适老化设计中应注意产品按键的细节设计。如果家居产品上有按键，则要适当地增加手指与按键的接触面积，并且采用摩擦力较为明显的材质与其周边材质形成对比，以方便感知按键的位置，从而可以确保操作的准确性。这一点对于家居产品中紧急呼救功能的按键设计来说就显得格外重要。此外，触觉感知的滞后性要明显高于其他感知器官，因此涉及触觉感知的设计也可用其他感官的合理补偿和刺激进行针对性的设计。自发电温控变色水龙头灯，其耗电量极小，电量来自水流而不用电池。它在装上水龙头后（也可安装在淋浴设施上）。水的颜色从视觉上看会因为水温的不同而改变颜色。这样老年人就不用直接与水发生接触便可知水温是否合适，因此可以避免水温过高而烫伤皮肤等意外发生。

（五）满足老年人的认知需求

大部分老年人都认为他们的记忆力较年轻人相比衰退得比较明显，因此我们在进行家居产品设计时就要额外地关注老年群体的这方面需求。老年群体几十年生活下来很容易怀旧而保存了很多物品，再加上老年人行为习惯模式和身体体态的变化，原来的家居产品尤其是衣柜等因产品尺寸或质量等问题不再适合老年人使用时，他们就需要更换旧有家居产品，这就形成了他们的物品越来越多却无法记住的情况。例如老年人对床头柜的使用：老年人经常会把手边的东西顺手就放在床头柜里，如药瓶、眼镜、书籍、手电等常用物品，这就导致床头柜显得愈发杂乱，一旦晚上起夜要用到手电或眼镜时，极有可能碰掉其他物品或一时间找不到要用的物品。这就要求我们在设计老年人床头柜时做好内部的功能区分，其上部可利用方格式设计使物品一目了然，也能在夜晚摸到所想使用的物品而不会碰倒其他物品。

二、复合行为动作适应性设计

在身体大范围活动因子中，上肢和下肢力量状态差的老年人占比接近六成，这说明力量状态是我们在设计老年人相关产品时需要重点关注的方面。

老年人下肢和上肢的力量、耐力状态都普遍较差，因此从适应老年人身体力量和耐力状态的角度来思考家居产品的助力设计是十分有必要的。老年人家居产品的助力设计可从提供补充助力和优化操作方式等方面进行尝试。提供补充助力，即通过产品提供辅助力量来帮助老年人完成必要的生活行为，如打蛋器、自动椅、自动床等，这类产品通过技术的创新与改良实现人力的机械化替代。优化操作方式是设计过程中的重要内容，如改变手握方式和尺寸，提高操作准确性等实现操作方式的优化，从而减少使用时间，避免老年人频繁或长时间保持施力状态。

　　在提供补充助力方面。例如：一家名叫 Superflex 的公司与设计师伊夫贝哈尔（Yves Behar）合作，将之变成了现实，能帮助到比如行动不便的老年人等，极大地提升活动能力。简单地说，这款 Aurora 电动增强服，内置电动肌肉，穿上之后能与身体肌肉协同，起到辅助作用，让老年人也能自由地行走、站立和爬楼梯。

　　在优化老年人家居产品的操作方式方面，Jake Naish 设计了一款旨在优化老年人日常行为活动的多用"十"字手杖（STIK Walking Aid）。该产品由手杖和底座两个部分组成，它具有多种使用形态，单独使用时可作为拐杖来使用，配合固定在床侧、马桶侧、浴缸侧等地方的墙上锁扣装置就可以给老年人提供极大的力量辅助，降低起床、如厕、出入浴缸等家居行为的难度。它具有多种使用形态，单独使用时可作为拐杖来使用，配合固定在床侧、马桶侧、浴缸侧等地方的墙上锁扣装置，就可以给老年人提供极大的力量辅助，降低起床、如厕、出入浴缸等家居行为的难度。

　　与此同时，从老年人身体活动范围来看，我们也需要多加关注老年人对家居产品的尺度要求。例如，老年人浴室的洗脸池应为悬挑型，其高度应高于普通洗脸池，这样可避免老年人使用时过度弯腰。洗脸池旁边需设扶手，可兼做毛巾挂杆。老年人的下肢力量不足。国外设计师针对老年人取放冰箱里物品的障碍而设计的冰箱储物箱，通过对冰箱里的物品进行分类区分，以及利用机械装置对使其能旋转出来从而降低取放高度，便于坐轮椅的老年人使用。

　　针对老年人洗澡不方便的问题，设计师 Kim Jung Su、Yoon Ji Soo 和 Kim Dong Hwan 三人设计了 Flume 浴缸。水槽浴缸的设计具有倾斜的机制，老年人尤其是使用轮椅的老年人可以将该浴缸向下倾斜至他们可以抓住所附手柄并将自己移动到浴缸中的水平位置。其入口处有一个座位，当水充满浴缸时重量会均匀地分布，因此它会自动平衡；当浴缸排水时，他们可以再次慢慢倾斜浴缸而完成出浴缸的动作。但此产品的设计要求用户上肢力量足以将他们自己从浴缸中移动出来。

三、精细行为动作适应性设计

在身体局部小范围活动因子中，主要表现在老年人下肢活动方面存在较明显的困难。其中，膝关节内收／外展方面存在困难的占比最高，大腿髋关节和脚踝关节活动的困难性也高于其他部位的活动难度，这主要体现在卫生间的相关行为活动中。因此，老年人坐便器的高度应相对高一些以减轻下蹲时腿部负担。普通坐便器高度约300mm，老年人则应使用高约430mm的坐便器，若给使用轮椅的老年人使用，其坐高应为500mm左右。普通坐便器不够高时可在上面另加坐垫或在下面加设垫层。国内某设计师设计的辅助老年人站立的马桶盖，使用巧妙的机械结构方便老年人如厕时蹲起、站立的动作。冲水的按钮也设计为倾斜式，避免老年人的弯腰动作。

针对老年人手部活动的设计也是我们关注精细化行为动作的重点。例如家中的水管开关应使用单杆式等操作便利的配件，有条件的宜设置自动调温器的单杆式水龙头；可调节的勺子托架，勺子和托架的长度可由老年人自主调节，防止撒漏或倾倒水杯等。从老年人局部身体动作为设计出发点是我们迫切需要关注的地方。

第二节 小家电产品适老化设计

一、适老化厨房小家电交互设计原则

针对前期老年用户行为研究发现的问题，从视觉、听觉、触觉通道对适老化交互设计原则进行区分，发现这些原则又不仅仅局限于一个通道，更多的是多通道之间的相互融合，相互补充。这三个原则主要包括减少记忆负担原则、可承担性原则、容错性原则。

（一）用户界面角度——减少记忆负担原则

用户在处理信息、学习规则和记忆细节方面的信息处理能力是有限的，1956 年乔治·米勒对短时记忆进行了定量研究，他发现人类头脑在记忆含有 7（±2）项信息块时表现最佳，但在记忆了 5 ～ 9 项信息块后大脑便不同程度地出现错误。因此，在用户界面呈现的过程中确定优先级别、关注核心内容、去除冗余信息显得尤为重要。

大脑会"优先选择"较常用的记忆内容和操作形式，有意抑制那些相似但不常用的内容，以便减轻人们的认知负担，防止混淆。从某种程度上来说，习惯就是一种"熟知记忆"。对于老年用户来说，他们比青年群体需要花费更久的时间去熟悉一个产品的使用流程，将其短时记忆转化为长时记忆。因此在吸引老年用户的视觉注意上，优先显示重要的信息、省略不必要的内容来帮助老年用户进行理解和记忆。减少记忆负担原则从视觉信息获取的源头减轻用户的认知负担，缓解心理压力的同时提高老年用户的操作效率。

在适老化产品用户界面的视觉呈现过程中，除了突出重点之外，还要遵循用户的行为习惯，即通过多通道信息的适时补充对用户操作进行指导，确保交互行为的顺利进行。

（二）行为角度——可承担性原则

老年群体因为视觉、听觉与触觉通道生理机能的退化，以及感觉、记忆、注意力等认知特性的衰退，在对外界的刺激进行感知的过程中难免会造成失误。市面上很多产品的交互方式为了迎合年轻群体的多样化需求而忽视了老年用户的特殊需求，甚至影响了老年用户的操作使用。

通过用户行为分析得出直观的呈现形式更容易被老年人认知，其中包括操作行为的易用性及操作界面的简便性。可承担性原则是促进操作行为与操作界面简便性的首要原则，其具体指的是使用者能够迅速察觉到物体的提示性特质，也就是说事物本身会说明自身的用途。此外，可承担性是格式塔心理学的一个重要概念，其承担特质指的是任何一个物体都是由特殊物质特征所组织形成的，这些特征组成特殊的信息，能使个体产生特殊行动。美国知觉心理学家詹姆斯·吉布森（James Jerome Gibson）曾利用生态心理学的观察，以承担特质解释生物与环境的对应关系，即自然环境中物质本身物理属性的组合能与生物之间存在某种对应关系。他还认为，物体所有的承担特质是可以被直觉感受到的，其信息也可以直接通过视觉表现出来。比如，人们开启门的方式（圆形门把手的转动以及长形门把手的按压）不需要经过学习就会。从设计的角度来看，可承担性研究更具有实际应用的价值，因此在人机交互领域越来越受到重视。可承担性原则也成为近年来提升产品可用性的重要设计原则之一。可承担性原则的重点在于研究物体与使用者之间的关系。

可承担性原则追求操作简单、易学的设计目标，建立产品的操作行为与用户的使用习惯之间的联系，以完成产品最自然的交互方式。就适老化产品的设计而言，要善于利用老年用户的经验、思维及行为模式，同时从视觉、触觉角度强化人机之间的互动。

（三）产品反馈角度——容错性原则

反馈是对已经发生事件的指示。在用户与产品的交互过程中，产品对人的每一次行为均要有一定形式的信息反馈，表示对该行为的认可，也是操作者获得关于此次行为结果的结果。在厨房小家电产品的交互设计中，可以实现的反馈形式有两方面：（1）视觉反馈：信号灯闪烁、显示屏提示和颜色变化。（2）听觉反馈：声音信息提示。用户在使用产品的过程中难免会犯错误，因此设计师在设计时需要考虑产品的容错性，为用户提供反悔的机会。容错性是指产品对错误操作的承载性能，即一个产品操作时出现错误的概率及错误出现后得到解决的概率和效率。容错性最初应用于计算机领域，后来逐渐被引入用户界面的交互设计之中。

这里将容错性原则运用到小家电产品的交互设计中。首先，是对产品交互过程中可能发生的错误进行预防。对错误操作的预防一方面涉及对视觉通道的刺激，提示灯的设置起到了模式提醒的作用；另一方面也涉及对听觉通道的按键音的设置，明确地告诉用户每一步操作的完成情况的明确反馈。其次，是对已经发生的错误操作进行友好的提示。当用户的操作已经出现失误时，采用时间较长的提示音进行错误预警，并且对错误操作进行限制，停止流程的进行，给予用户重新选择的机会。

二、视觉通道的厨房小家电的适老化设计策略

（一）建立无意识的表现形态

产品的表现形式就是最直接出现在用户眼前的形态体现，通过色彩、形状、肌理等不同的视觉元素突出产品的特点。无意识行为是指没有经过思考分析而做出来的一种自然而然的行为，这些行为通常融入了人们的生活并形成了习惯。好的外观设计会激发用户无意识行为的产生，从而达到操作的目标。

建立无意识的表现形态有助于老年用户快速地掌握产品的使用方法，从而降低他们视觉通道的认知成本。根据老年群体的认知特性推断，他们对不同形状的解读基本都依据之前的学习经验与惯性思维。对复杂形态的理解不仅会给老年群体带来视觉信息获取的压力，也在一定程度上增加了他们的心理负担。因此，厨房小家电产品的外观造型、开合方式都应该以老年用户的无意识行为为导向，建立起视觉认知和触觉行为之间的联系，设计出符合他们本能行为的外观形态。

（二）传递亲切的色彩情感

传递亲切的情感效应，最突出的表现形式就是色彩。色彩是视觉通道的组成元素之一，色彩相比于形状要素而言更具有直观性。人们通过视觉通道观察物体的前二十秒，色彩占据了主导位置。因此，人们对色彩的感知在一定程度上影响了人的思维判断。产品设计中适当的色彩搭配在满足用户审美需求的同时，能够激发消费者的购买兴趣。由此看来，色彩情感的传递在产品设计中发挥着重要作用。

就色彩本身而言，这个设计要素不带有任何的情调和感觉。但是通过视觉通道的传递，人们却能感受到不同色彩或色彩搭配所表达的情感。比如，白色给人的第一感觉可以用纯洁的、干净的、冷淡的等词语来概括；红色却大不相同，人们对红色的理解通常为热情的、喜庆的、火辣的。

在对适老化产品的外观色彩选择上，不仅需要考虑老年群体的生理特性，他们的心理感受也不容忽视。不同年龄段人群有着不同的视觉信息感知能力，他们对色彩情感的解读也大不相同。市面上大型家电类产品的色彩主要以银灰

色、灰黑色、香槟色等类似的颜色为主，人们对于这几种金属色的描述一般为"冰冷的""机械的""科技感十足的"等。此类色彩天生就给人一种不易接近的距离感，再加上大型家电体量大的特点，很容易使用户，尤其是老年用户产生"使用复杂"的心理暗示。

就色彩偏好而言，老年人不太喜欢浓烈艳丽的颜色，他们普遍喜欢较为柔和、沉稳的颜色，这与老年人的性情特点和心理状态是一致的。与此同时，时代的进步使老年人的心态变得愈发年轻，暖色调逐渐成为他们偏爱的色调。与年轻人之间的差距使老年人存在不同程度的自卑心理，因此他们潜意识里希望通过明亮的色彩找寻曾经的青春活力。

市面上较难找到专门为老年人设计的厨房小家电产品，因此就现有厨房小家电产品进行分析。从色彩搭配来看，大多数的厨房小家电所使用的色彩过于单一。比如市面上大部分豆浆机的机身通体使用一个颜色，以白、银灰、灰蓝色、暗红色为主，双色或者多色搭配并不常见。对色彩识别能力较差的老年人来说，长久的使用很容易对产品产生审美疲劳，从而失去使用的兴趣。

综上所述，色彩对人的影响是巨大的，满足人的视觉审美的同时，在一定程度上甚至可以影响人的情绪。在后期的适老化厨房小家电产品设计中，应该充分利用色彩的情感暗示作用。在外观色彩的选择上，尽量选用柔和而不耀眼的暖色调，从而给予老年用户积极的心理暗示。反之，单一、沉闷、灰暗的色调容易造成老年用户的视觉压抑感。色彩搭配的对比不宜太过强烈，应该营造一个明亮、清新的整体氛围，向老年人传达亲切、易于接近的色彩情感。从视觉上拉近人与产品之间的距离，缓解他们的心理压力。

基于此，把产品色彩所传达的用户情感效应，合理运用到适老化厨房小家电产品设计中，既可丰富老年用户亲切感、宜人性的精神感受，亦能通过用户的视觉通道，强化厨房小家电产品的视觉交互方式，有效促成产品视觉交互过程中的感官良性循环。

（三）增添易识别的视觉对比

1. 对比明显，突出重要内容

当构成界面的图形单元为多个时，不同单元间应有区别。从产品整体的色彩来看，应该注重不同区域所发挥的功能，即利用不同的设计元素来划分区域的主次。通常，为取得较佳的辨认性，采用实心图形比勾勒轮廓的图形更可取。与空心图形相比，实心图形很容易吸引用户的目光，它的辨识度明显高于空心图形。

与此同时，采用与整体颜色呈对比色的实心填充也要优于单线描绘的边界。对于视觉感知较弱的老年人来说，对比明显的视觉差异有助于降低他们的认知成本，提高操作效率。

就操作区域的局部布局来看，不同层级的功能按键也应该区分开来。用户在选择程序的过程中，通常会认为相邻近的功能属于同一类型，这就是就近原则。适当的修饰可以巧妙地将界面分区，用户只需要查看需要的信息从而迅速地做出选择。因此可以利用线条、方框及色块效果对众多功能进行划分，从而缓解视觉界面的拥堵。如一款电烤箱，可以对多钟食材进行烘烤，菜单的选择属于同一层级，因此得全部呈现在操作界面上。但需要呈现的东西过多，很难让用户抓住重点，这无疑降低了识别度。此款电烤箱就是利用按键区域颜色的变化突出菜单选项及开关按键，利用边框线条将时间和温度选项统一在一起，使界面从繁到简。

从以上两点可以总结出，在厨房小家电操作界面的色彩设计上，可以充分利用色彩的导向性来突出产品及界面的主要区域。

2. 提示易识别，明确产品状态

就操作的反馈来看，给用户提供正确的操作提示能够有效地引导用户进行相应的操作。一般可以通过信号灯的闪烁、显示屏的文字提示和相应模块的颜色变化使用户明确产品的现有状态。就家电的人机交互来看，产品给予的明确反馈对于用户操作行为的影响较大，可以有效地避免用户不明状态的重复操作。如一款电磁炉的触屏界面，当用户选择火锅功能时，代表火锅的图标和文字前的提示灯就会亮起，提示用户电磁炉当前所处的模式是火锅模式。相应地，温度的数字提示字体较大且与黑色背景形成鲜明的对比，在进行温度"+"的操作后，数值就会跟着改变，使用户一目了然地知道当前的温度是多少。

老年人各方面感知能力的衰退使得他们很容易对操作过程中的状态产生误

解，他们无法确认之前进行的操作是否有效，从而引发更多重复且无效的操作行为，进一步造成交互过程的不愉快。因此，一个易识别的反馈对适老化产品的设计尤为重要，从视觉角度带给老年人好的用户体验。

（四）保持界面的规整性和易读性

老年群体对家电产品的更新换代始终抱有抵触的想法，他们认为新产品的功能会更多且复杂。功能的增加必然导致界面上增加所要显示的信息，这也给界面的布局带来不小的挑战。老年人在家电的使用过程中往往不会把产品的每一个功能都烂记于心头，他们只会选择记忆自己平时常用的功能流程。因此，在对适老化厨房小家电的设计中，应该根据老年人的日常偏好，将功能进行精简，删除不实用的附加功能，保留能够满足老年群体最基本需求的功能。从而保持界面的规整性，以突出界面的层级关系，如此一来可大大地缩减老年用户的思考周期，增加了操作的简便性，提高行为的准确性。

（五）竞品界面分析

依据上述的视觉适老化策略，我们对市面上不同品牌的电饭煲产品的界面进行竞品分析。例如某款电饭煲的操作界面，界面底色与按键文字、屏幕底色与数字显示对比强烈，易读性很高，不同功能按键也做了形状和颜色的区分。高的识别度可以有效地帮助老年用户快速地找到需要的功能按键，然后进行操作。并且，在相应的功能按键上都设置了提示灯，给用户一个操作的即时反馈，让他们时刻清楚电饭煲所处的功能模式。这对老年用户来说是十分必要的，能够大大地提高操作效率。显示图上方的进程显示算是这款电饭煲的一个亮点，用户可以明确地知晓煮饭的流程及时间，增添了趣味性。它的缺点也很显而易见，没有开关键，不太符合人的惯性思维。当用户淘完米后将内锅放回电饭煲后第一件事就是打开开关，继而选择不同的功能。开关键的缺失会让用户陷入困惑的局面，原本应该放置开关键的位置设置了一个柴火饭功能按键，并且做了一个颜色的区分，指意不明确。柴火饭的功能并不是每个人都需要的，却被着重标记，会让用户思考柴火饭究竟是不是平时的煮饭功能。因此，在这个区域用"开始"的字眼更合适，更容易被识别。此外，显示屏右方的按键式"煮粥"和"稀饭"，理应是两个利用率高的功能，应该被单独设置。但在界面中被设置在同一个按键的上下部分,容易被误解为这两个功能之间是否有时序上的关联。与"煮粥""稀饭"相对应位置的按键会被用户理所当然地认为是与右方对应的其他功能按键,然而却被设置了时间的调节按键。由此可见,屏幕中的时间显示与面板中的时间调节没有形成自然的匹配,此类信息的不对称也会耽误用户在操作过程中的时间。对于老年用户来说,他们可能需要花费更多的时间去思考显示屏的内容与哪个按键相互匹配,这无疑增加了认知成本,降低了操作效率。从界面的简洁性来看,显示屏中的信息显示内容过多、文字过于紧密、对比度不够强烈,会造成老年用户在视觉感知过程中的负担。此外,滑动的功能选择形式局限性较大,使操作复杂化,并不适合手指不灵活的用户使用。

三、触觉通道的厨房小家电的适老化设计策略

在视觉和听觉的传播途径被占满或负担过重时,触觉系统可以很好地部分分担它们的工作。人与产品实现交互的过程主要依赖于用户操作界面,其操作方式主要是按键按压及触摸屏触控。用户的触觉感知受到操作界面中各种元素的影响,其中包括材料的肌理,按键的形状、大小等。

(一)营造温暖的触觉意境

材质的不同刺激着人的视觉感官,所营造的触觉意境也是不一样的。当今家电行业利用同一种材料(PCM家电彩钢板)加工出不同的材质效果,让产品焕发出不一样的生命力,其中包括最流行的不锈钢拉丝效果、多种颜色的珠光效果、多种哑光效果等。由此可见,不同的材质效果带给用户的触觉意境是不一样的。在使用过程中,用户和产品发生不断地接触,因此对于想获得温暖、安稳、舒适感觉的老年用户来说,让人感觉亲近的材质更容易获得他们的青睐。

(二)匹配合适的操作形式

在现有的厨房小家电产品设计中可以发现,为了保证操作界面的统一性,有相当一部分产品的控制面板只使用了一种形式的控制器。控制面板是通过有次序地集中、组合必要的显示和控制器而形成的人机交互作用面板。好的控制面板不仅涉及控制面板表面的简化,还应该涉及操作方式的简化。由此看来,用户对产品的满意度取决于产品控制器的舒适性、控制器的类型、尺寸和空间、

启动所需要的力量、控制与显示的关系等。因此，控制器的选择应该配合用户的使用偏好和操作习惯，从而实现最自然的交互行为。

适老化产品的设计必须考虑老年群体衰减的视力和听力。以微波炉为例，界面的操作方式基本是以"按"和"转"为主。与这两种操作方式相匹配的控制器形式却有较大的差异。

通过对比按钮控制器的三种形式可以发现，机械按钮的位置识别的容易度比薄膜按键和触摸屏要容易得多。机械按钮在各自按键单元的区分上相对独立，因此在操作中很少出现按错的情况，即意外被启动的可能性较小。从启动需要的力量来看，触摸屏可以说是最轻型的触觉操作器。但是在适老化小家电的设计中，启动力量小对于老年用户来说未必是一种优势，他们很可能因为不小心触碰而进行误操作。因此在按压按钮的操作中，反应动作的倾向性非常重要，它给手指的按压力提供了确定的阻力，并在开或关工作完成的瞬间降低阻力，以增加老年用户对动作完成的印象。从控制与显示的关系来看，当功能选项较多时，薄膜按键与触摸屏的显示方式比机械按键看起来更简洁，并且更适合选择增量。

通过对比旋钮控制器的三种形式可以发现，旋钮调节的操作方式普遍较为直观，让人一目了然。从精确调节的舒适度而言，旋钮 1 要优于旋钮 2、3。当调节范围较大且要求精准时，旋钮 2、3 "一次到位"的转动带动用户手部较大幅度的转动，而旋钮 1 可以通过连续几次的转动实现。对于尺寸和空间来说，实现旋钮 2、3 操作所需占用的空间较小，旋钮 1 相比较而言则需要留有更大的空间以便人手操作。

综上所述，无论以上的哪种控制器形式，都需要考虑老年用户的操作特点及手指尺寸与面板编排之间的关系，以此实现触觉操作的舒适性。

四、听觉通道的厨房小家电的适老化设计策略

利用听觉信号传递信息的方式被称为听觉显示。针对厨房小家电产品的听觉设计，主要考虑不同听觉显示形式的性能。

（一）提示音提醒及警示

当传达信息的目的是吸引产品使用者的注意力时，音频提示器往往要比视

觉显示器更好。因此，声频警示器被广泛用作报警装置。当信息比较简短时，音频警示也是最好的选择，为视觉和听觉在不同情况下的恰当选择。由此可见，视觉或听觉显示的恰当与否取决于信息或消息的特征。如果环境很嘈杂，将被显示的信息又过于复杂（例如，大量精准的信息或趋势），通常就要求采用视觉的显示；如果信息需要迫切，听觉通道的提示通常比较受欢迎。

在厨房小家电产品的设计中，听觉通道的提醒常常被作为老年用户的福音。一方面，随着年龄的增长，老年人经常出现忘事的现象。有不少老年人曾经表示，使用微波炉加热饭菜的时候，由于同时在忙别的事情，所以即使加热完毕后也经常被遗忘，等到下次使用微波炉的时候才发现上次未取出的饭菜。现有的微波炉在加热完食品之后，只有发出一声"叮"的声响，由于发声的时长和频率不够，所以在不是很安静的环境中经常被人们忽略。例如一款带有语音提示功能的面包机，在做面包的过程中会发出三次"嘀嘀"提示音，它是在提醒若需要添加果仁或果脯等果料，在提示音后就可以直接开盖加果料。提示音简短但是声音较大且频率较快，感觉像是人的催促，因此给用户带来了有效的提醒效果。另一方面，老年用户手部活动不如年轻人灵活，在操作过程中多多少少会出现误操作的行为，这就意味着需要设置一个预警音来提醒他们操作的不合理性。通常利用时间较长的提示音来警示用户，纠正他们的错误行为。值得注意的是，预警提示也要适度，尽量避免发出频繁刺耳的声音，使得老年用户的心情变得烦躁和恐慌。

（二）按键音反馈

老年用户对于他们行为的不确定性经常造成操作过程的重复，这种不确定性一般是视觉信息和触觉信息都无法解决的难题。因此，大多数人在按按钮时已习惯于感受一种弹簧反力的作用或能听见的声音，以确认任务已正确执行。产品对人的按键行为的反馈可以通过声音来实现，正如市面上的老人手机一样，利用按键音的语音播报提示用户输入的每一个数字，利用这种明确的声音反馈可以让他们确切地感受到每一次的按键触发。

厨房小家电的听觉设计也是如此，由于老年人的触觉敏感度降低，对已经执行的行为会产生没有成功操作的顾虑。因此，对相应操作的触发给予能够引起老年用户注意的按键音，这样从心理上增加老年用户进行继续操作的信心，使交互过程无负担。再者，在接受操作界面视觉信息反馈的同时配合接收声音信息的反馈，信息的接收比例也会大大提升，从而提高操作效率，提升老年用户的使用感受。

综上所述，当视觉通道出现信息拥堵的时候，可以尝试着从听觉通道得以补偿。对于适老化厨房小家电的听觉反馈设计，应该注重对信息的持续时间、声音的大小等因素的改变，使老年用户能够轻易分辨听觉信息的用途。因此，对听觉信息进行适老化设计有助于引导老年用户的操作行为，从而减少失误，带来他们更大的信心。

第三节 汽车中控人机界面适老化设计

一、基于FBM的汽车中控界面适老化设计策略

基于FBM的汽车中控人机界面设计模型，采用文献研究、用户调研方法对用户特征、情境特征、用户行为进行研究分析而提出关键的设计因素，接着通过对设计载体进行文献调研、实验研究而提出另一个关键的设计要素。这里主要是将设计因素作为主要的指导意见，有机结合设计要素，提出基于FBM的汽车中控人机界面适老化设计策略，来指导后文的设计基础研究和设计实践行为。

（一）功能对象同一性

情境、行为、功能三者相互制约，由情境驱动行为，行为决定功能场景，功能需求根据情境、行为去发现、定义功能的内容，根据老龄化用户常用驾驶情境、行为频次去判断功能需求的重要程度。在功能内容分类时，依据老龄化驾驶用户使用情境，去整合相关联的信息内容、功能内容，采用模块化展示形式，降低老龄化用户认知负担，既能简化从功能跳转到另外的功能模块页面流程，也能节约驾驶过程中对车机操作分心的时间。简化功能时，根据功能重要程度，页面非关联性强的功能、信息，不提供相关功能信息与入口。同时根据常用情境对信息进行转化，形象直观地提供给老龄化驾驶用户，以提高信息可读性。

（二）交互情境适应性

建立驾驶前后情境连接，适应老龄化驾驶用户的使用习惯，并适应不同情境的使用，采用手机和车机之间互联、不同车机间互联、车机系统账号管理体系等交互形式，拓宽出行情境交互的平台范围与时间，给予用户更高的自由度，减少车内非驾驶情境的时间，减少分心行为。交互的触发因素通过结合老龄化驾驶用户特性的视觉元素，色彩将重点内容与信息突显，比如语音按钮功能图标的视觉强调，在相关功能需要时触发提醒，培养老龄化驾驶用户主动使用的习惯。驾驶情境下车机功能使用操作的非连续性，选择恰当的交互形式与视觉效果的导航菜单，让老龄化驾驶用户清晰功能所在位置与层级，做好功能交互操作的衔接。

（三）信息时机恰当性

基于老龄化用户驾驶情境的安全性考虑，需要对平台丰富的信息内容进行管制，对信息提醒方式与时机做区分，建立有效的信息提醒机制。根据不同的信息内容，系统采用不同的提醒方式，依据情境检测指标，在合适的时机将信息呈现给老龄化驾驶用户，需要建立完整的交互流程。根据指标需求，在培养良好行为习惯的相关信息呈现时，建立以评价、评分、分享正向循环机制去推进，由于老龄化驾驶员强烈的社会认同需求、自我价值寻求需求的影响最大，其驱动力也是最强，在行为驱动上往往可选择能提高社会认同感的机制与方式会有更好的效果。

（四）驾驶机制安全性

安全性作为驾驶中最重要的原则，面对老龄化驾驶的自身因素，安全性需求范围需要拓宽，涵盖更加全面，需要建立完善的驾驶保护机制，包含驾驶员健康、驾驶行为技术的安全监测、驾驶过程中交互行为等。通过主动监测老龄化驾驶员的健康信号、车辆状态信号，判断用户求助需求与紧急程度，采取不同的提醒方式与求助机制。长期监测数据输出趋向曲线，定期提供直观的图像与报告给老龄化驾驶用户并给予简洁明了的建议信息，以完善机制循环。通过合理的界面布局提高交互操作效率，常用功能按钮安排在使用效率更高的交互区域，在使用效率差、导致分心的位置尽量不安排功能使用，降低功能出错概率，同时在功能使用逻辑上及时提供反馈及帮助入口，比如功能使用出错时，及时弹出错误信息提醒，并在窗口提供帮助入口或相关信息状态内容，针对老龄化驾驶用户去提供更多的关怀功能模块。

二、设计定位

（一）产品定位

对于老龄化驾驶群体来说，现存产品仍存在较大的问题。痛点体现在三方面：一是功能需求与用户实际使用情境存在差异化，导致用户体验降低；二是产品结构没有依据目标用户的认知与使用习惯，使用流程不够简洁明确，导致使用效率较低；视觉设计方面不符合用户机能特征与喜好度，导致认知效率较低。三是现存产品缺乏对目标用户特殊的潜在需求的关注，尤其是功能帮助与健康安全方面没有提供足够的安心保障，也导致缺乏对精神心理上的关怀。

在产品设计时，为避免出现上述问题，提出了明确的产品定位与目标：安全、关怀、简约、高效。

（二）用户需求定位

结合老龄化群体研究、老龄化驾驶群体研究以及目标人群的行为研究调研结果，通过构建用户画像以及用户体验地图的方法将目标人群对汽车中控人机交互的整体需求进行展现。

1. 用户画像构建

用户画像是综合真实的用户信息、问卷数据、访谈结果、行为观察，最终建立起来的角色模型，也是一种能够形象地展现用户主要特征与核心需求场景的方法。用户画像具有一致性和代表性，是产品设计的重要参考。

目标的老龄化驾驶群体基本有一定的驾驶经验，而从车机—人机交互产品角度来看，分为初级用户、中间用户、专家用户三种具有不同行为特点的用户。根据老龄化群体用户特征，中间用户比例较多且分布较广，而且中间用户的痛点行为较多，不良行为较多，积极行为较少，用户行为存在的问题较多。因此本次设计实践中确定主要的目标用户是：具有一定的驾驶经验，对车机中控系统基本了解的老龄化驾驶员。

2. 用户体验地图绘制

用户旅程地图是通过用户视角直观地了解产品使用行为，以及在此过程中的整体感受，能帮助寻找设计机会点去建立更好的用户体验。

在用户体验地图中，用户驾驶出行主要分为驾驶前，驾驶时，驾驶后三个阶段。为了方便表达，在各阶段中将主要类型任务体验流程平行展示，实际各类型项目流程时不互斥，没有绝对固定的顺序。驾驶前阶段任务分为车况检查、查看天气任务，驾驶时阶段包含使用导航、娱乐行为、通信行为、车机调控。为了充分覆盖驾驶出行人机交互中的痛点，研究的人机交互媒介不仅是车机系统，也包含仪表盘、手机等，也是为车机中控界面交互的介入寻找设计机会。

三、基于 FBM 的汽车中控界面适老化设计基础

（一）适老化汽车中控界面的功能内容分析

这里主要是基于 FBM 汽车人机交互界面设计模型对车机系统的功能内容进行分析，通过对情境、对系统功能进行梳理，在设计策略指导下对功能进行整理分类、定义说明，采用相关性矩阵分析法对功能进行优先级排序，区分功能重要程度。

采用系统矩阵分析法（Intra-action analysis），分别对车机系统内部、车机系统—用户—驾驶环境大系统的因素关系进行矩阵分析，为系统的功能结构、信息层级的建立提供依据。系统内因矩阵分析法是通过对系统内各个功能因素之间的作用关系的对比分析，比对它们之间的相互影响的重要程度，重要程度是以是否有影响作用、影响作用的直接和间接性作为评分标准，对系统各因素进行讨论分析并打分，得出系统各因素分数总表，以评分表作为功能重要程度排序的依据。

1. A 型矩阵分析法（Intra-action analysis Matrix-A）

系统内因矩阵分析法（A 型矩阵）是通过对产品系统内各个功能因素之间的作用关系的对比分析，比对它们之间的相互影响的重要程度。焦点小组通过一边讨论系统各功能间的作用关系，一边对功能间作用关系进行评分。如驾驶建议功能与车况信息是直接相关的，车况信息记录的车程信息、驾驶行为信息

直接影响驾驶建议功能的判断。微信功能与导航功能是直接相关的，微信中分享的位置可以进行一键导航，直接影响导航功能的目的地的选择。导航功能与天气功能是间接相关的，出行前查询当地天气变化、目的地的天气都会影响导航路线、驾驶目的地的选择。

A型矩阵分析最终体现的是功能相关性，在评分总表中分数相对高的功能说明该功能与系统其他功能的联系更紧密、重要程度更高、影响更大，用户可能在使用系统过程中，该功能的内容、设计会影响其他功能的使用体验。

2.B型矩阵系统分析法

系统内因矩阵分析法（B型矩阵）是通过对车机产品各个功能因素与用户、驾驶环境之间的作用关系的对比分析。用户因素包含手、视觉、听觉、语言；驾驶环境因素包含车机屏幕、手机、其他车辆部件及路况。焦点小组边讨论产品系统各功能间与老龄化用户、驾驶环境的作用关系，边对功能作用关系进行评分。讨论情况如娱乐功能的使用会涉及车机屏幕的使用，也会利用蓝牙连接播放手机音乐功能，同时娱乐功能的使用会导致用户驾驶时严重分心，因此在娱乐功能使用时需要注意路况的影响。

B型矩阵体现的是系统相关性，在评分表中分数相对高的功能说明该功能与系统其他因素的联系更紧密、重要程度更高、影响更大，老龄用户可能在使用系统过程中，该功能的内容、设计会影响其他功能的使用体验。

3.矩阵结果分析

对A型矩阵、B型矩阵两个分析结果进行汇总分析，对功能的功能相关性、系统相关性进行分析，得出功能优先级排序，找出核心功能，在界面设计过程中突出主次信息，使老龄化用户能迅速获取重要信息。核心功能是车况信息、导航功能、远程服务功能、紧急求救功能、车载微信；次要功能是娱乐功能、健康管理功能、驾驶建议功能、系统控制功能、音乐功能、电台功能、新闻功能、通话功能、空调控制功能、天气功能、屏保功能、驾驶辅助功能、应用商店功能；特殊功能是紧急求救功能，功能分级。

对功能相关性与环境相关性的关系进行进一步的分析时，对于功能中环境影响因素大的，说明该功能使用环境复杂，在进行驾驶复杂环境中，尽量减少使用环境复杂功能的使用以提高安全性。娱乐功能、微信功能对环境要求更高，驾驶过程中对这些功能的使用更严谨，从老龄化用户行为层面也会使安全性降低，因此驾驶过程中，对这些功能的获取、使用需采取一定的控制手段，也为界面功能信息布局、层级的设计提供依据基础。

而对功能相关性与用户相关性进一步分析时，对于用户相关性高的功能，老龄化用户介入因素高，其所需主观能动性高，如导航功能、紧急救助功能、远程服务功能，在设计需更优于、利于老龄化用户获取信息，更容易使用各种功能。对于重要功能但用户相关性低的，如车况信息，驾驶建议功能需要车机系统主动提供信息。

（二）适老化汽车中控界面的信息架构分析

基于上述对功能优先级进行排序后，明确了产品功能的主次关系，信息重要层级关系也由此清晰明朗。在信息架构设计时，依据信息层级关系的特点，对信息框架进行选择。已知重要核心功能较集中，次要功能数目较多，因此信息架构设计时通过控制层级一定的宽度与深度，结合平铺式结构与导航列表式结构方式。每个模块展示对应功能与信息，模块化的划分更方便老龄化驾驶用户根据相关性去记忆功能位置。而各个模块下通过列表导航的方式展示多个次要功能，列表方式能使用户清晰所在位置与层级，降低认知负担。

（三）适老化汽车中控界面的流程交互分析

1. 功能流程设计

基于适老化设计策略指导下，强调交互情境适应性原则，依据车机系统的信息架构构建完整的功能流程架构，对每个功能的交互流程与交互逻辑进行设计，以减轻老龄化驾驶用户认知负担等。交互逻辑图流程清晰，主要功能的交互逻辑设计如下：

（1）驾驶信息功能交互逻辑

驾驶信息包括实时驾驶健康与驾驶行为报告，驾驶健康功能是对老龄化驾驶用户生物体征信号的监控，涵括驾驶安全机制；驾驶行为报告功能通过对车辆信号的监控，判断驾驶动作、操作的安全性与良莠，据此进行评分并提出对应的建议。

（2）车况信息功能交互逻辑

车况信息包括实时车况与车况报告，实时车况功能是对车辆状态下实时的监控，涵括车况状态提醒机制；车况报告功能是对实时监控数据的收集处理进行车况健康度评分并提出保养建议。

（3）导航功能交互逻辑

导航功能中的导航入口主要分为一键导航、输入导航、路线加载、附近推荐四大模块，通过四种形式确定导航目的地、导航路线，进行导航。

（4）娱乐功能交互逻辑

娱乐功能包括音乐、电台、新闻、视频与游戏五类功能形式，但视频、游戏等这些娱乐性较强的功能则通过判断驾驶状态来确定功能是否禁用。

2. 交互机制的建立

基于信息时机恰当性原则，需要对平台丰富的信息内容进行管制，对信息提醒方式与时机做区分，建立有效的信息提醒机制。同时在驾驶安全性原则指导下，面对老龄化驾驶员的安全性需求，拓宽安全性需求范围，建立完善的驾驶保护机制，提供全面的求助机制，通过用户主动求助机制与车机系统监控信号呼叫求助机制；提供屏保机制，降低车机中控屏对老龄化用户驾驶分心的影响。

（1）消息提醒机制

各类车机消息主要划分为关乎行车安全的紧急事项消息与非紧急事项消息，控制两大类消息，提醒逻辑与形式，非紧急类消息需通过车速监控判断去安排提醒的形式，而紧急类消息不限制采用的提醒形式。

（2）操作反馈机制

操作反馈机制通过高亮与震动提示反馈操作动作的执行完成度，除了成功操作进入页面或使用功能外，而对操作任务失败的结果反馈也及时弹出提示窗并同时提供帮助信息与入口，迅速地使用户了解当前的状态和解决的办法。

（3）求助机制

用户主动求助按钮安排在快捷操作区，能及时快速地进行操作，而求助呼叫操作形式是长按5秒，长按操作的目的是防止日常的误操作。车机中控系统求助机制是通过监控用户生物体征信号是否正常以判断求助需求，根据危机程度进行不同形式的提醒。

（4）屏保机制

屏保机制是通过对车机使用状态的判断以启动屏保保护，在高度集中驾驶状态下屏保启用可大大降低分心行为的发生。

（四）适老化汽车中控界面的视觉设计分析

1. 情绪版

情绪板指通过图像、样品拼贴将用户情绪可视化，也是定义视觉风格和指导设计方向的依据。基于老龄化用户的喜好，界面视觉风格以简洁、沉稳大气的风格为主，强调秩序和谐，不刻意追求科技炫酷，营造友好、关怀、包容的氛围，让老龄化驾驶员能同时享受驾驶安全与人机交互过程舒适安心的用户体验。

2. 界面布局规划

基于驾驶安全性设计策略，结合汽车中控界面交互区域特点，针对老龄化驾驶员进行合理布局，能大大提高其交互操作效率。高频、快捷使用的功能操作布置在最佳交互区内，比如返回主页、返回上一功能页、紧急求救等功能；常用功能和主要操作安排在屏幕左侧区域，比如导航、通信等主要功能；在交互效率较差的可触区内主要布置为信息阅读区域，减少交互操作的需要；当需要让用户注意到某些特定的次要内容，可通过动态展现方式捕捉用户的注意力；而且这个区域可以布置副驾可用的功能操作，比如副驾方的环境调控功能、空调、风速等，输入键盘设计成可移动性。在屏幕上侧安排状态显示区，主要展示显示车机状态、信息通知等。

3. 色彩搭配

适老化汽车中控界面整体的视觉色彩方案采用简洁色彩的搭配，避免多色块导致的信息繁杂。界面主色调采用低明度的冷调暗灰色，亦为屏幕背景基调，其具波长较短的蓝调能给予老年人视觉上的舒适体验，营造平静的氛围。同时使用渐变色去提亮界面整体的色调，避免过于沉闷。强调色采用波长较长的吉金色，与灰黑背景形成强烈的对比，提高老龄化驾驶员对强调内容的辨认能力。同时，金色质感所带来的大气、稳重气质，黄色系所带来的温暖感、柔和感，一定程度上拉近了智能科技产品的距离感，提高老龄化用户的使用自信感。除此之外，根据驾驶情境功能需求，对已形成用户认知习惯的功能性色彩通过调整其明度与饱和度，与整体界面风格达成协调一致，比如红色代表错误、危险信息，黄色代表警告、故障信息，绿色代表正常运行、使用中的信息，还有微信、蓝牙功能的标志性色彩。

4. 视觉元素

适老化汽车界面的中文字体采用字体方正、庄重醒目的非衬线字体，思源黑体，其几何元素与人文元素结合使得易读性极高，也是目前汽车仪表盘和显示器等快速扫视环境下最理想的选择。根据汽车人机工程学、界面 UI 规范，字体字号范围选择 32px ～ 48px，根据信息内容重要程度、排版需求进行字号大小的选择，突出功能性文字，如功能选择、故障类；尽量减少信息文字长度，对信息量大的文字段通过高亮、加重突出关键信息，方便老龄化用户快速获取重要信息。

图标设计风格主要沿用微质感风格，既相对简约、符合老龄化驾驶员的喜好，同时强调突出主要信息、提高辨识性。图标图形在进行设计时保证以面性造型、统一的色彩达到视觉的一致性。图形细节处理上采用渐变色、明暗去突显细节与立体感，同时营造融合、和谐的感觉。根据汽车人机工程学，交互操作的图标尺寸设计需要考虑最小可触范围尺寸，以减少老年驾驶员误操作的概率。传统按钮尺寸是根据人的手指端的尺寸和操作要求来确定的，用食指按压的圆形按钮直径为 8 ～ 15mm，且按钮间距最小不得小于 6mm。由于老龄化驾驶员在驾驶过程中操作稳定性较差，屏幕交互触敏性的降低，根据其人体尺寸范围等人机因素，考虑交互图标尺寸及其距离需最小尺寸均采用 15mm，以保证驾驶安全性与交互效率。

四、基于 FBM 的汽车中控界面适老化产品功能架构

基于前述研究成果，将功能和信息以一种合理自然的逻辑结合，输出适老化车机系统的产品功能架构图。在产品设计流程中，产品功能结构图是产品概念化阶段的初期输出，为后面绘制原型提供依据。基于产品功能架构图，产品主要分为功能模块、信息模块、帮助模块三大功能模块，三大模块分别对应车机中控界面的三大页面，除此还有固定的快捷操作栏与状态显示栏。车机中控

界面的首屏主页包含了导航、通信、娱乐、天气、备忘五个功能；信息模块页面包含车况实时信息、车况报告、驾驶健康三个功能；帮助模块页面包含帮助、设置、应用商店三个功能。

五、基于 FBM 的汽车中控人机界面适老化原型设计

低保真原型是能够将产品设计概念具体、想象地表达，基于产品功能架构，规划设计页面框架原型，将功能交互流程与页面跳转逻辑以视觉化的方式表达，采用 Axure 工具进行绘制。这里主要论述的是基于 FBM 模型的汽车中控人界面适老化设计概念的原型，展现原型的界面布局、页面跳转流程、功能交互形式与详细功能使用说明。

（一）首屏主页布局及原型

首屏主页界面布局按交互效率与功用分为三大板块，在右侧最佳交互区布置需要频繁使用的快捷功能操作栏，而功能主操作区域安置最常用的功能模块，导航、通信、娱乐、天气、备忘五大模块，采用平铺式布局，提供简洁明了的功能入口。在主页最上方安置状态显示栏，主要显示车机系统状态信息。快捷操作栏与状态显示栏是固定的，以方便用户快捷操作与阅读常用信息。

快捷操作栏包含常用的五个功能操作，包括打开主屏首页，返回上一功能页面，语音控制 / 语音输入，车机调控，紧急呼叫。打开主屏首页能在任何页面、层级下快速返回主屏首页进行新的功能操作；返回上一功能页面是针对老龄化驾驶员，在驾驶状态下发生的误触动作，能快速恢复原来的功能页面。语音控制 / 输入功能布置在操作栏中央，结合强调式视觉效果设计，目的是触发老龄化驾驶员在进行界面交互时使用语音控制或输入动作的发生。语音操作是目前效率较高、安全性较强的屏幕交互手段，但通过关键词唤醒会增加老龄化驾驶员的记忆负担，相对提供固定的启动语音控制 / 输入功能的按键是当前最好的选择。点击"语音控制 / 输入"按键，能够触发全局语音控制，也提供常用的命令语；在功能页面中需要输入搜索时，点击此快捷按钮也能触发语音输入功能。

紧急呼叫功能是老龄化驾驶员主动求助的方式之一。功能启用是通过长按

图标 5 秒，此交互形式能减小误触机会。通过安置在操作栏最下方以降低正常情况交互时误触概率位置。在功能启用后出现 30 秒倒计时与当前操作状态提醒的页面，倒计时结束后自动拨通紧急求助中心的电话，并将车辆状态信息与定位一同发送；倒计时结束前可通过触摸屏幕取消求助。

（二）导航功能模块原型

导航功能除了提供常规的输入导航外，更注重快捷导航方式，考虑多个老龄化用户常用情境，包含一键导航、附近推荐、路线加载的方式，协助用户快速确定目的地与路线规划，节约驾驶出行时间。

1. 确定目的地

导航页面左侧提供浮动菜单栏以快速切换不同的导航方式，包含一键导航、输入导航、附近推荐的方式确定目的地。在通过上述三种方式选择导航目的地的地址后，进入确定导航地址页面，显示详细的导航目的地的信息与地图位置，通过点击"分享"按键，弹出动态车机分享码提供至其他车机用户，可通过快速输入分享码获取统一导航目的地。

2. 路线规划

除了通过上述方式确定目的地进行路线规划，还提供路线加载功能以快速确定导航路线。老龄化驾驶员可提前通过手机 APP 制定出行路线，在车机登录用户账号可自动同步至车机系统，点击"APP 同步栏"可显示路线并选择；老龄化用户也可通过手机 APP 将路线制定的请求信息发送给亲友，协助制订出行计划、路线。车机分享是同品牌车机间的互联方式，通过动态的分享码，将在车机系统选择的路线快速分享或者获取车机分享码加载至车机上，这为车队自驾出行提供快捷便利的出行形式。也可通过本车机路线收藏方式收藏常用路线可直接点击"选择"。

路线规划的布局将重要信息与操作放置在左侧交互最佳区，并为用户提供多种驾驶方案，强调重要的路线特点信息给老龄化用户来选择。点击左侧不同的驾驶方案，右侧地图显示相对应的路线，可通过手势将地图放大、缩小查看，或直接点击地图路线进行切换，确认驾驶方案后点击"开始导航"。

3. 导航显示和结束

为降低老龄化驾驶员的认知负担，精简导航信息，将关键的文字信息布置在左侧最佳交互区，右侧屏幕主要显示当前导航实况与导航标识。

车机系统提供主动结束导航的方式，点击导航信息下方的"结束导航"按钮，为防误操作，系统弹出询问窗口以确认。导航结束，显示当前位置，可收藏或分享地点，并在页面左侧提供附近常用设施列表可供选择。

（三）通信功能模块原型

通信模块整合现今老龄化驾驶员常用的通信方式：电话通信和微信通信。目前微信不仅是社交聊天平台，其语音消息、语音通话更是最常用的通信方式。通信功能提供左侧导航栏，提供用户在功能间快速切换的方式，也让老龄化用户在使用功能时清晰自己所在的层级与位置，减轻认知压力。

一键通信提供常用联系人信息以及电话通信、微信语音通话、发送语音消息的快捷入口，点击联系人对应的"联系手段"即可启用功能，进入对应的通信页面。

电话功能分为最近通话、通信录、拨号通话三个功能页面，最近通话显示的是最近手机通话记录列表，通信录功能提供直观的联系人名称与头像信息。

车机中控系统通信功能正常启用需要手机连接蓝牙，在未连接状态下，点击"一键通信"或"电话功能"时弹出错误反馈窗口，显示手机蓝牙未连接信息，并提供手机蓝牙连接指引的入口给用户，以协助老龄化用户进行相关的车机、手机设置。

来电显示页面将接听与拒绝通话的两个操作按键放置在左侧最佳交互区，通话联系人信息放置在右侧。按键尺寸大以提高老龄化用户在驾驶过程中操作的准确性，且接听按键以高亮、呼吸灯效果的显示形式进行提醒。通话过程中用户头像以呼吸灯效果的显示形式提醒当前通话状态，降低用户在驾驶过程中视觉转移频率与幅度，提高安全性。

微信通信功能是将手机微信功能移植至车机系统上，需要对驾驶情境中交互行为做适应性的设计以保证驾驶安全性和沟通效率。车载微信功能正常启用需要登录微信账号，微信功能分为消息列表、联系人两个主要页面，其中用户可点击消息列表的"联系人"进入聊天页面，最新的语音消息会自动播放。

聊天页面主要包括语音通话、发语音消息、共享位置、导航4个子功能，用户通过点击相应的子功能图标以启用功能。

微信消息提醒对老龄化用户驾驶造成分心行为，由于微信功能消息属于非紧急类信息，依据全局消息提醒机制，消息提醒需要通过对当前车速信号的判断以决定提醒形式。在车速不为0的情况下，微信新消息的提醒方式是通过状态栏的微信图标显示和微信功能页面的小红点角标显示；在车速为0的情况下，微信新消息是通过toast窗进行全局提醒，用户可进行语音命令控制播放语音消息，或者进入微信功能页面查看收听新消息。

（四）娱乐功能模块原型

娱乐功能包括音乐、电台、新闻、视频和游戏五个多样化娱乐功能，基于安全的前提下满足老龄化驾驶员驾驶出行中的娱乐性需求。

音乐功能包含手机蓝牙、U盘音乐和在线音乐三种音源播放形式。其中在线音乐功能页面提供在线音乐歌库，推荐用户可能感兴趣的歌单和歌星，用户也可通过搜索歌曲或歌手的关键词进行歌曲的播放。选择播放歌曲进入音乐播放页面，通过音乐播放控制器对音源的切换、音乐的切换、播放暂停、音量调节进行控制，也可通过手势滑动页面对音乐切换进行控制。

1. 电台功能

电台功能包含本地电台、在线电台两种音源播放形式，用户通过点击左侧菜单栏进行音源的选择与切换。电台播放控制器对音源切换、频道切换等进行控制，也可通过手势滑动页面对频道切换或直接点击对应的频道赫兹图标进行控制选择。在线电台功能页面提供在线电台节目库供搜索或推荐。

2. 视频游戏功能

视频游戏均是娱乐性强的活动，极为容易造成驾驶分心行为、游戏视频功能的使用需要通过对当前车速信号、发动机转速信号判断车辆状态是否为驻停状态，在车辆非驻停情况下点击"游戏视频"功能，不能进入功能页面并弹出功能禁用提醒窗口。

（五）备忘功能模块原型

针对老龄化驾驶员的用户特征提供关怀功能，适老化车机中控系统在首屏主页提供备忘信息显示板块。备忘信息的制定是通过手机 APP 进行，设置提醒时间、编写文字或录制语音消息；可通过手机 APP 将备忘信息制定的实时互动邀请码发送给亲友，通过手机 APP 或小程序制定专属的备忘信息，通过车机账号的同步至车机系统上。车机主屏备忘信息显示板块会进行相关消息的显示，到达提醒时间时，文字备忘信息会通过车机系统弹出 toast 窗提醒用户和语音播报；专属的语音信息会以原音进行语音播报，通过熟悉的亲友声音进行信息提醒，以营造人文关怀的氛围。

（六）信息模块原型

为降低老龄化驾驶员认知负担、提高出行效率与驾驶安全性，通过对用户情境所需信息进行有效整合，在信息模块提供实时车况、车况报告、驾驶健康三大信息页面。

实时车况主要提供实时车辆状态与相关部件信号状态信息，通过车辆实体模型图同步展示车辆实时的状态，如车门开关、车灯开关，异常部件会通过高亮显示提醒；当前电量剩余信息以及可续航行程，通过日常驾驶能耗以预计可驾驶时长，以文字和图像直观地显示；驾驶出行日常检查指标罗列在右侧，直观地显示状态是否正常、符合出行，出行检查流程的简化与时间节约能够促进用户养成出行安全检查的良好习惯。在页面上方提供出行车况的建议以及相关车况信息，包括车辆故障、车辆部件异常等，当仪表车辆故障灯亮起，相应地提供故障灯的故障指引信息，让老龄化用户都能快速地了解当前车辆问题，并在信息右侧提供相应的帮助入口，如附近车辆检修的实体店导航，电话客服入口等。

车况报告是对日常行车的相关数据进行整合并进行评价、建议。对车况历史数据进行车辆健康度的评分，从能耗经济、制动性能、车内环境、车件健康、动力性能多维度地对车辆车况进行评估，以评分的形式直观地显示，提高老龄化用户车辆各方面的保养意识，有效地促进老龄化用户车辆保养行为，提高安全性。通过简洁明了的内容对车况进行总结，并提供实用性建议，让老龄化用户清晰明确地了解车辆状况的问题，以及保养的具体行动。

驾驶健康功能是面向老龄化驾驶员，更注重对驾驶员健康安全方面的关怀与设计。从驾驶员健康、驾驶技术、能耗经济、行为良好度、驾驶专注度等多维度地对驾驶健康安全进行评估，驾驶员健康以生物体征的历史数据作为评估标准，驾驶技术则结合车况信息数据进行评估，驾驶专注度以驾驶过程中对车机屏幕操作频率为评估标准，整体以评分的形式直观地显示，提高老龄化用户驾驶安全意识，并针对驾驶中的不良行为及分心行为进行提醒与建议。通过简洁明了的内容对驾驶情况与行为进行总结，并提供实用性建议，让老龄化用户清晰明确地了解驾驶过程中自身行为问题并改善不良行为。

车况与驾驶健康消息属于紧急类信息，会影响驾驶安全，依据全局消息提醒机制与求助机制，故障车辆信息通过弹窗形式进行全局提醒并提供帮助与信息详情入口，同时进行语音播报提醒。求助机制是通过监控用户生物体征信号是否正常以判断求助需求，生物体征信号异常或出现驾驶疲劳时进行 toast 窗提醒；持续出现生物体征严重异常，会以弹窗、语音形式进行全局提醒，并自动触发紧急求助。

（七）帮助模块原型

对于老龄化用户，车机系统提供更全面的帮助机制，在进行各功能操作时出现操作错误都会及时弹出反馈窗口，并提供对应的帮助功能入口，协助老龄化用户快速解决问题。此外，帮助模块提供用户更加多样化的主动求助的形式，包括问题搜索、驾驶帮助、车机系统指引、远程协助四种方式。

问题搜索功能页面通过搜索问题关键词，查找相关问题帮助或功能指引并提供入口跳转至相应的指引页面；当搜索不到相关的帮助指引时，点击发送至客服的按键，将搜索的问题发送至线上客服同时跳转至线上客服的聊天页面，以便快速寻找人工帮助。

驾驶帮助功能页面针对的是驾驶方面的帮助指引，如倒车辅助功能、定速巡航功能、车道保持功能等驾驶辅助功能。帮助页面展现相关的指引步骤流程，将关键词进行高亮提示，用户可通过点击"关键词"查阅相关的详细信息，如相关车部件或图标的具体位置。

车机系统指引功能页面针对的是车机系统方面的帮助指引，如蓝牙、网络连接等。帮助页面展现相关指引步骤流程，将关键词进行高亮提示，用户可通过点击"关键词"查阅相关的详细信息，如相关图标具体位置或手机操作内容指引。

对于老龄化驾驶员其求助与帮助的关注点不同，求助功能更注重提供安全安心的保障，而帮助功能则是对长期行使用车机产品的能力培养与提高。远程协助模块提供电话客服、线上客服、维护门店导航的多样化帮助功能。电话客服偏重于紧急问题的处理，用户可通过电话客服功能，以车机通信对话的方式进行问题的沟通与协助。线上客服的功能更加注重功能体验与使用，用户可通过语音、文字形式进行沟通，客服可通过文字、语音、视频进行功能的演示与指引。维护门店的导航提供便捷的导航入口。

第六章 适老化服务与智慧养老服务

第一节 适老化服务内容

适老化服务涉及的服务范围和内容非常广泛，既涉及非专业日常生活的方方面面，又涉及医疗、护理、康复、心理慰藉等专业问题，还包含了社会关系、道德伦理、法律等层面的社会问题。

但是，如果要求一个养老机构把这些需求和服务内容完全地、完美地融入到一个标准的服务体系当中并能够有效实施，其实是一件高难度的事情。但是，任何一个产业的发展都需要有一个非常明确的发展目标和指向，这是保证产业能够健康有序良性发展的前提，养老产业也是如此。服务是养老的核心，研究服务就是研究养老的核心问题。只有把最理想状态的蓝图描绘出来，产业才有方向，发展才有动力，机构才有目标。养老机构服务体系应该包含哪些内容和元素？这些内容和元素应该如何设计、实施和实现？

北京市地方养老服务标准《养老服务机构服务质量标准》中对养老服务提出了20项具体的服务内容和要求。养老服务提供商可以依据本机构的专业人员和设施设备配备情况，选择其中的某些项目或全部项目为老年人提供服务。而专业人员、设备设施及所提供的服务项目和服务品质构成了养老机构星级标准评定的基本依据。

北京市20项养老服务项目如下：①个人生活照料服务；②老年护理服务；③心理／精神支持服务；④安全保护服务；⑤环境卫生服务；⑥休闲娱乐服务；⑦协助医疗护理服务；⑧医疗保健服务；⑨家居生活照料服务；⑩膳食服务；⑪洗衣服务；⑫物业管理维修服务；⑬陪同就医服务；⑭咨询服务；⑮通信服务；⑯送餐服务；⑰教育服务；⑱购物服务；⑲代办服务；⑳交通服务。

无论怎样划分适老化服务类别，其重点服务还是集中在以下几个方面：

一、餐饮服务

为什么把餐饮板块放在了首位？因为在工作实践中，在许多养老机构调研中以及多次与老年人面对面的交谈中，都发现餐饮问题最重要、问题也最多。餐饮是老年人选择入住养老机构的直接原因之一，餐饮服务是老年服务中重要的一个内容。随着老年人年事已高，自主购物、买菜、做饭的能力和主观意愿大大降低，加之老年人本身的进食量又很少，做饭就会成为日常生活中的一个问题。餐饮服务的核心目标就是要解决好老年人吃饭的问题。

（一）养老机构餐饮服务的主要内容

1. 用餐者评估

（1）老年人营养状况评估。

（2）老年人籍贯及用餐习惯了解。

（3）老年人牙齿及口腔状况了解。

（4）老年人消化系统功能状况了解。

（5）老年人餐费消费能力评估。

（6）老年人用餐方案制定。

2. 营养膳食方案制定

（1）老年人营养分析及需求满足。

（2）一般营养配餐。

（3）慢病营养配餐。

（4）特殊需求配餐。

（5）个性化营养配餐。

3. 备餐

（1）厨房选址及规模。

（2）餐厅选址及规模。

（3）物料采购及储存。

（4）烹饪工具及过程。

（5）餐饮质量控制。

4. 送餐

（1）送餐车及送餐设备设施。

（2）送餐流程及路线。

（3）送餐加工场所及加工工具。

（4）用餐后整理及物料回收。

5. 用餐场所

（1）房间内点餐用餐。

（2）楼层内用餐。

（3）公共餐厅用餐。

（4）员工用餐。

（5）家属、外来人员用餐。

（6）失能老人床边用餐。

6. 用餐选择

（1）月包餐。

（2）零点餐。

（3）混合方式用餐。

7. 餐费制定及调整

（1）制定原则。

（2）制定方法。

（3）调整方法。

（4）经营测算。

（二）养老机构餐饮服务人员安排

（1）餐饮团队组织构架。

（2）岗位职责及任职要求。

（3）人员配置。

（4）人员职业资格达标。

（5）餐饮人力成本分析。

（三）养老机构餐饮服务食品安全

（1）物料采购及食品储存。

（2）污染源控制及污物处理。

（3）餐饮质量评价。

（4）突发事件应对措施。

（5）餐饮服务规章制度。

（四）社区居家养老餐饮服务解决方案

（1）构建社区"大食堂"或"小饭桌"，老年人到社区用餐。

（2）构建社区"送餐服务"，将餐盒送到老年人的家里。

二、生活照料

生活照料是指为老年人提供日常生活中的帮助与支持，也是养老服务体系中的重要组成部分，更是关系到老年人生活品质和尊严的核心内容。生活照料，从字面上没有太多的技术含量，但是，在实际工作中，做到较好品质和较高质量的生活照料是一件非常有挑战性的事情。因为老年人的生活需求多种多样，要求的程度不同，老年人心态也不同，所以，要做好老年人生活照料服务不但需要细致和耐心，也需要一定的深度认知和专业技能。

（一）养老机构生活照料服务的主要内容

1. 环境清洁卫生

（1）每日打扫房间。

（2）定期换洗床上用品。

（3）协助或帮助洗衣。

（4）整理房间物品。

（5）开窗通风换气。

（6）公共区域卫生清洁。

2. 个人清洁卫生

（1）协助有需要的老年人刷牙、洗脸、洗澡。

（2）协助有需要的老年人穿衣、穿鞋。

（3）督促所有老年人换洗内衣。

（4）定期为有需要的老年人剪手指甲和脚趾甲。

（5）协助有需要的老年人完成大小便等。

3. 进食协助与支持

（1）为老年人订餐、送餐。

（2）协助有需要的老年人进食。

（3）餐后整理打扫。

（4）将老年人用餐意见反馈给相关部门。

4. 其他服务

（二）养老机构生活照料服务人员安排

（1）人员配置。

（2）人员资质。

（3）人员管理。

（三）养老机构生活照料服务费用模式

（1）月服务费。

（2）整体费用全包。

（3）按照服务项目收取等。

三、医疗护理

医疗与老年人的关系比任何一个年龄段都要密切。老年人医疗费用支出是年轻人的 3～5 倍，是医疗需求最多、占用医疗资源最大的一个庞大社会群体。而医疗费用的严重透支、不堪重负又是目前发达国家的一块心病，如何解决至今没有找到合适的办法。随着中国人口老龄化的不断加剧，未来中国医疗体制所面临的将会是同样的问题。

"医养结合"是中国养老模式最突出的特点之一，医疗护理服务也是养老服务中被老年人最看重的服务项目。医疗服务，重点解决的是为老年人及时提供急救、疾病诊断治疗、慢病管理、健康咨询等方面的服务，是由专业医疗机构、医生来执行和完成的。护理服务，重点解决的是为老年人提供病中或病后、疾病恢复以及生活能力恢复为主的专业照护服务，也是由专业护理人员、护士执行和完成的。一般生活照护服务人员是没有资格从事专业医疗护理服务的，只能够作为专业医护人员的辅助助手。

老年医疗服务的支付方式主要来自医保。养老机构能否为入住老年人解决医保问题是影响入住率的关键因素。护理费用的情况有所不同，有的老年人能够通过医保全部支付或支付一部分，也有一些老年人由于各种原因，不能够通过医保支付，由老年人自己支付或其子女为其支付。

（一）如何对接医疗资源

这是目前很多养老项目的困惑之处。常见的几种解决医疗资源的方式有五方面：

1. 自己建社区医院

许多机构由于社区体积大、入住老人数量多，自己在养老社区中建了一个医院以解决看病问题。

通过国内外案例研究分析，证明养老机构自建医院的模式并不是可广泛推广和普及的模式。该种模式的优点是自己有医院，老年人看病方便，对入住率提升有很大的帮助。缺点主要包括七方面：①投资大，回收期长。任何一所医院的投资规模都不是一个小数字，尤其有些开发商希望建三甲医院，其投资规模就可想而知。②定位困难。在养老社区建医院，是建全科医院还是专科医院？建全科医院，投入大、要求高、利用率低；建老年专科医院，有时又不能满足老年人的需要。建不建住院病房？这都是难以决策的问题。③使用率低。医院规模建多大？使用人群到底有多少？使用者目标是仅仅本社区还是覆盖更大的服务半径？这些问题如果不做细致分析，盲目上马医院，风险很大。老年人通常只在小病情况下到社区医院就诊，一旦遇到大病，基本上都跑到大医院去看了。④运营成本高。一个医院的运营是全面综合的，每一天的运营成本不会因为有 10 个老年人来看病还是 50 个老年人来看病而有多大的区别。尤其如果建的是全科医院，科室分得很细，每一个科室都要有一个以上的医生，成本就更高。⑤容易与养老脱节。一般社区内医院都是独立核算的，与养老部分不在一起，是两个完全自负盈亏的体系。医院作为养老部分的辅助支持部分，上门打针、上门巡诊、上门送药，按照服务项目收费，与养老部分形成了供需关系。由于收费项目繁多，有些医保不能负担，老年人就不愿意去社区医院。由于没有直接的利益关联，养老部分工作人员也不是很积极送老年人去社区医院，甚至希望有些服务项目通过自己的护工队伍完成以增加自己员工收入。⑥医保受限。一般社区医院都有医保额度的限制。超过这个额度，医院是要受到处罚的。这就使得社区医院无法扩大自己的病人来源和就诊频率。⑦人才受限。社区医院没有专业上的竞争优势，很难吸引高学历年轻人进入，人才流动性也比较大。目前社区医院大多数依靠退休医生作为技术骨干支撑，大多年龄偏大，身体无法长期保证持续工作。这种人员结构也构成了社区医院的发展瓶颈。综上所述，养老项目在社区中自建医院是一个比较复杂的问题，需要认真调研之后衡量利弊再做决定。很多开发商单纯为了使项目更具有市场吸引力坚持自建医院，而对后期医院的运营管理以及盈利模式考虑得较少，结果导致表面上看社区配套很完善，老年人很高兴、很方便，实际上医院长期处于亏损状态。

2. 自建社区老年门诊

设立老年门诊的主要目标是解决日常生活中老年人出现小的身体不适时看病拿药的问题。门诊设置可以包括老年内科、外科、中医科、理疗康复科、药房、处置室、观察室等。门诊的运营方式可以转交给地方医院托管，也可以自己组织医疗班子解决。在养老机构或老年社区建老年门诊相对投资建医院来讲，无论从投资规模的角度还是后期经营的角度都是比较经济的一种选择。此种模式的优点是投资小、规模小、专业方向明确，后期容易托管或自营；缺点是规模受限，服务范围受限，无法完成住院、手术等医疗内容。一旦社区过大，门诊部的医疗资源也有可能不能满足老年人及社区使用者的需求等。

3. 与地方医院合作

此种模式的优点是先期无须投入大量资金和财力建医疗设施，充分利用本地医院的医疗资源和技术优势捆绑养老服务。通过购买医疗服务达成入住老人医疗解决方案。实践证明此种模式是受到老年人欢迎的，也是能够得到市场认可的。但缺点是此种捆绑模式对于医院来讲缺乏长期合作的动力。所以，医院在合作上的态度往往是在医院医疗资源有余的时候会愿意并履行合作，如果医院自身医疗资源出现紧张的情况，派往养老机构的资源就会减少，结果使养老机构中老年人的医疗问题受到不同程度的影响。此种捆绑模式的利益关系是不对称的，也不具有很强的法律效力，也使养老机构会面临随时可能失去医疗资源的风险。另外，医院派往养老机构的医护资源是不是医院最好的资源也是一个问题。有些医院把剩余人员、素质较差人员当作闲散人员派给养老机构也是常见的事情，这也影响了为老年人提供医护服务的品质和信誉。

4. 与个体医生、护士合作

有的养老机构与一些私人医疗机构或个体医生、护士合作，定时定期上门为老年人服务，帮助老年人解决看病、用药、护理等问题。此种模式随着中国医生"自由执业"的开放和医护资源逐渐向社区分流的趋势，应该在未来具有较好的发展空间。医生、护士、康复师等专业人士可以多点"自由执业"，充分发挥自己在专业领域的作用而非全部涌进大医院。这种分流不但能够解决养老机构的专业人才缺乏问题，还可以在提高全民素质和健康意识、健康水平等方面发挥积极作用。

5. 利用地理位置借势医疗

有的养老机构选址的基本原则很明确，哪有医院，就把养老机构办到哪里。这种借势医疗模式的最大好处是节约了大量自办医疗机构的投资，借邻居医疗资源完成自己的医护服务体系构建。但缺点是合适的地方不好找，尤其紧挨着医院的地块不是想有就有的。"医疗近邻"模式还有一个优势是能够通过与医院的合作，把养老机构当作医疗病床的延伸和病后管理场所，为医疗治疗的后期延续管理提供了很好的途径和模式。医院的积极性也会调动起来，减少压床、增加床位周转，有利于医院增加收益，是一个双赢的方式。

（二）养老机构医疗、护理、康复服务

1. 养老医疗服务的主要内容

（1）紧急救治及抢救。

（2）日常常见疾病诊治。

（3）常规体检及健康管理。

（4）老年慢病管理及咨询。

（5）老年用药指导及咨询。

2. 护理服务的主要内容

（1）医院出院后、回家前的短期护理。

（2）长期失能、半失能、失智护理。

（3）临终关怀护理等。

3. 护理服务的步骤和流程

（1）护理需求评估。

（2）根据评估结果进行护理分级。

（3）根据护理分级制定个性化护理方案。

（4）护理方案实施。

（5）护理效果评价。

4. 康复服务的对象

（1）心脑血管疾病残疾后老年人。

（2）骨关节疾病老人。

（3）一般老年人延缓衰老等。

四、健康管理

健康管理，是养老机构重要的服务内容之一，也是养老机构核心价值和核心竞争力所在。健康管理，不但能够促进老年人生活能力的维持和维护，还能够充分调动起老年人自身的自信心和乐观的生活态度，有助于延缓衰老、延长寿命、提高晚年生活品质。

（一）健康管理的主要内容

1. 健康档案建立及综合评价

目前多数养老机构在收住入住老年人时只是要求老年人做体检，根据体检结果判定老年人的身体情况。这种方式的缺陷在于不能够全面真实地反映老年人的健康状况。比如老年人的精神问题、心理问题、智力衰老程度、判断力、心肺功能状况、身体机能衰老程度、脑衰老程度、关节衰老程度等都无法做出正确的判定和评价，这对日后为老年人制定个性化服务方案带来了极大的困难和潜在风险。因此，全面健康管理要从全面健康评估开始，对入住老年人需要进行综合性的全面评价，而不是单凭体检报告。对老年人入住前的分析越详细，日后健康管理的个性化、针对性就越强，带来的效果也就越好。

2. 健康教育计划

对老年人的健康教育是养老机构一项长期艰巨的任务。健康理念的树立、传统观念的改变、生活陋习的调整、健康习惯的养成、健康自我管理能力的培养和建立不是一两次健康讲座、一两天的说教所能够完成的，健康教育规划是需要专业团队设计和长期实施的。健康管理的长期目标是需要通过有计划、有组织、有目标的长期健康教育、以健康知识、技能、手段、方法、行动引导老年群体认知自己、了解自己，用有限的知识和技能最大限度地实施健康自我管理，尤其是日常生活习惯和生活方式的改变。尽管目前很多养老机构能够进行此项工作，找一些医生做讲座，但远不能达到系统管理的目标。多数健康管理模式是松散的、碎片式的、理论式的、枯燥乏味的，没有成体系和系统，没有监测指标和依据，没有跟踪随访，也必然没有较好的效果。

3. 健康管理方案制定

目前多数养老机构认为，在营养配餐上能够针对不同慢病情况的老年人提供不同的个性化配餐就是个性化健康管理，比如高血压餐、高血脂餐、糖尿病餐等。其实配餐个性化仅仅是个性化健康管理方案中的一个点，而且配餐的营养标准和检验也是很多机构不能完成的，只是根据大概的判断而定的。比如高血压餐中少放点盐，仅此而已。高血压病人的其他营养问题可能就不得而知了。对一个老年人的个性化健康管理方案的制定，是要综合判断设计的。一个身患五种慢性病的老年人到底如何配餐、如何选择运动方式、如何参加社会活动、如何起居、如何读书等问题，都需要逐项细致地分析，才能给出适宜的答案。如果不了解老年人心肺功能情况，不了解老年人关节、肌肉功能情况，怎么告诉老年人适合什么样的运动，不适合怎么样的运动？怎么指导老年人进行户外活动和晨练？个性化方案制定后如何让老年人配合完成计划，完成后如何评估健康管理的效果，如何调整健康管理计划使之更符合老年人不断变化的健康需求等，都是个性化健康管理方案的内容和目标。

4. 健康干预

健康管理方案制定后，实施成为更为关键的一步。没有落实实施、没有坚持进行干预，效果就会大打折扣。值得欣慰的是，老年群体对健康管理方案执行的依从性要明显好过其他年龄组，因为老年人闲暇时间比较多，又十分关注自己的健康。健康干预的手段方法有很多，针对不同情况的老年人采用不同的手段和方法也是十分必要的。

5. 效果跟踪及调整

健康管理重在实效。因此，效果的跟踪、信息的反馈都十分重要。现代信息化手段的发展使得信息管理变得更便捷和可靠。老年人健康管理方案的改进调整也是经常发生的，是随着老化的深入需要不断修改和调整的。

（二）健康管理的实现途径和方式

谁来从事养老机构的健康管理工作？通过什么样的路径实现？目前中国真正从事健康管理的专业公司很少，市场上大多数是体检机构，不是真正意义上的健康管理公司。从事健康管理的专业人才包括了医学专业背景的人（不一定是医生）、护理背景的、营养的、康复的、中医的等。养老机构自己组建团队，重新接受专业培训，构建健康管理体系，开展健康管理服务，是目前多数养老机构采取的对策，从长远发展来看还是具有极大价值和意义的。健康管理是养老机构专业化服务的重要标志，自建体系和健康管理团队能够打造自己的服务品牌。当然，除了自建之外，还有几种可行的方式，比如通过购买健康管理公司提供的各种上门服务解决。这种方式的优点是不用自己花费大量时间和精力组建体系，通过购买完成健康管理服务。购买服务的成本既可以由机构负责，也可以作为增值服务项目由老年人支付。未来当中国出现真正意义的健康管理公司后，此种模式是可行的，也是便捷的。此外也可以与健康管理公司合作，把健康管理公司的专业资源引入日常养老机构的服务当中。健康管理公司可以作为技术股份加入运营管理团队之中。此种方式的优点是融合度高，专业化服务数量和品质容易得到保障；缺点是需要拿出一部分技术股给专业公司。再比如对接邻近社区健康管理平台为机构服务。未来社区健康管理体系将会承担五个方面的重要责任：第一，建立社区内全民健康档案并与各大医院联网，信息共享；第二，社区全科医生的一般性诊治及转诊、分诊；第三，健康知识普及教育；第四，健康指导与亚健康干预；第五，住院前及出院后病人的接续服务。养老机构如果能够很好地与附近社区建立共建关系，就有可能利用社区健康管理平台为机构的老年人提供服务。

五、文化娱乐

文化娱乐是老年人入住养老机构的重要原因之一。老年群体有着相似的人生经历和共同的兴趣爱好。老年人在一个集体中生活，能够通过与同龄人的沟通交流和互动，释放心情，传递理念，建立自信，延缓衰老。

（一）养老机构文化娱乐的组织管理

文化娱乐活动是老年人日常生活中重要的组成部分。老年人的闲暇时间比较多，丰富多彩的文化娱乐生活有利于老年人的身心健康，尤其是心理问题的解脱和疏导，也是养老机构高品质精神文化生活和氛围的具体体现。从机构管理的角度来看，老年文化娱乐生活的组织管理主要包括以下几个方面：①提供文化娱乐所需要的场所和基本设施；②制定文化娱乐计划和实施方案；③组建老年人各种兴趣小组；④组织老年人进行每天的各种活动；⑤文化娱乐活动的升级、创新和提高等。

老年文化娱乐活动的组织者主要是社会工作者，就是我们常说的社工。养老机构应该根据自己的实际需求适当配置社工人员，以开展各种老年活动。社工的主要任务是制定活动计划及实施方案，组织活动实施。社会志愿者也是重要的组织者和参与者，比如有些在校大学生到养老机构来给老年人上音乐课、美术课、计算机课等。应该重视志愿者团队的组织和建设，不但可以大大降低养老机构的人力成本，也能充分发挥社会组织的力量，共同推进社会化老年服务的发展。

因此，应当注意的是老年人文化娱乐活动的组织和管理，老年人的积极参与、自我组织、自我管理也是非常重要的，有些机构甚至将此项工作完全交给老年人自己去做。这样也有利于老年人发挥余热，形成按照各自性格、脾气、秉性构建的活动组或朋友圈。

（二）养老机构文化娱乐的主要内容

老年文化娱乐活动的内容可以有很多种类，很多内容也是与当地的民族文化风俗和习惯有着直接关系的。一般比较多见的活动形式包括外出旅游，组织文艺小组、兴趣小组，各种表演及展示，体育爱好小组及竞赛，书画小组及展示，手工小组及展示等。很多老年人对计算机使用及现代科技信息技术也是很感兴趣的，可以组织老年人学习电脑使用及上网技能。老年人也喜欢怀旧，经常组织一些怀旧活动，或是给中小学生讲革命历史及人生经历、写个人回忆录等也是较好的方式。

六、心理慰藉

心理问题是老年期最重要的变化之一。老年睡眠障碍、老年抑郁症、老年妄想症、老年精神病、老年失智症等都是经常发生在养老机构中的，也是机构比较棘手和难处理的问题之一。老年各种心理问题的出现不是一天就发生的，而是一个渐进的变化过程，所以，心理问题的预防、早期发现往往比后期治疗更重要。

心理慰藉是养老服务中"看不见"的服务，但是，对于老年群体来说是最重要的服务，也是目前养老服务中最缺失的服务。老年群体心理状态会随着年龄增大而逐渐改变，有的会向好的方向改变，而多数老年人的心态是向着不良心态改变。比如抱怨及不满会越来越多，对生活的不自信会越来越重，对家人的不满意会越来越强烈等。因此，重视老年心理、加强心理疏导及心理服务的提供对于养老服务体系构建是十分重要和必要的，也是一个养老机构的核心竞争力所在。

（一）心理评估体系的建立

目前，老年人入住养老机构之前都需要进行体检，机构往往以体检报告结果为依据判定老年人的身体健康情况。但是，对老年人的心理情况如何判定，能否进行科学的心理测试就是一个问题了。由于养老机构中大多缺乏专业的心理工作者，所以老年人心理测评的缺失是比较常见的，其后果也会给机构带来意想不到的问题。比如有些患有轻度精神疾病的老年人，由于家属不愿意照料，又怕养老机构不收，就给老年人服了一定的精神药物之后将其送到了养老机构。因为服用了药物，老年人看上去与正常人没有太多异常，往往只是有点沉默不语。机构在不知情的情况下收住了有一定精神问题的老年人，其后果可想而知。案例说明，入住养老机构之前对老年人进行心理测试是十分重要的。不但事前需要测评，在入住机构后的不同时期，也需要不断地对老年人进行心理测评和评估，以保证老年人的心理健康和安全。如果养老机构有能力聘请一位专职心理医生或心理咨询师那是最理想的。如果没有条件请专业人士，至少也要拿出一些常用的心理测评表让工作人员对老年人进行心理评估。

（二）心理慰藉解决方案

说到心理慰藉，多数养老机构的理解就是多陪老年人聊天，让老年人说话、释放心理压力。其实面对心理问题，是有许多专业的心理疏导和心理治疗方法的，不是简单聊天就能够解决的。聊天可能能够解决老年人一时的心中不快，但有时很难解决内心的根本问题。而根本问题的解决方案，尤其是当心理问题成了一种心理疾病的情况下，是需要借助多种心理专业的手段和方法，由心理专业技术人员操作才能得以实现的。

1. 聘请专业心理咨询师定期上门为老年人做心理辅导

有些心理辅导是一对一、面对面的，有些心理辅导是通过团体特定活动完成的，比如看片子、组织某一种活动等。专业心理咨询师的介入也体现着机构的高端服务水准和标准，对老年人和家属是有一定吸引力的。专业心理咨询服务可以尝试先以免费形式试着进入机构，当老人们认同之后再作为增值服务项目提出。一个好的专业心理咨询师能够凭借专业手段方法帮助老年人解决很多心理问题。专业心理咨询师目前在市场上的价格差异很大，水平高低不同，找到性价比合适的也是一个需要努力的过程。一旦找到合适的，应该签署一份长期咨询合作协议，以保证机构入住老年人能够持续得到专业服务。

2. 通过组织各种活动转移老年人视线，让其忘却心中不快

这是目前国内外许多养老机构通行的办法。"让老年人多活动就会高兴"，这是许多机构的切身体验。组织各种日常活动是机构一项十分重要的工作内容，也是需要有专人专门负责此项工作的。但是，目前国内一些机构对此项工作不

够重视，没有固定人员或团队专门组织老年人活动，把组织老年人活动看成可有可无，想起来就组织，忘记了就不组织。结果机构里显得冷冷清清，老年人各干各的，没有家庭和团体气氛，也缺少了一些情感氛围。有些机构是老年人自发组织一些活动，但有可能是分散的、碎片式的。

专业心理咨询师也可以通过与老年人活动组织者共同组织活动来完成部分心理咨询和疏导工作，所以，组织活动必须成为日常运营工作中的一项重要任务。活动还需要不断创新、不断扩大范围，从老年人到家属，从机构内部到外面社区。互动中增加了老年人情感交流，减轻了孤独感，对缓解老年人各种心理问题具有十分重要的作用和意义。

3. 与家属构成共同防线

可以发现很多情况下，无论机构工作人员如何努力，老年人就是不开心。其中很重要的一个原因是机构工作人员无法替代老人的子女。老年人的子女如果不经常来看望，尤其逢年过节其他老年人的子女来看望自家老人的时候，老年人是最容易伤感的，也是最容易产生问题的。机构工作人员必须经常与老年人的家属保持沟通交往，甚至成为互相信赖的好朋友；也可以设立一些奖励措施鼓励子女来机构看望老年人，最佳看望奖、购物券、电影票、积分换礼物等活动都可以尝试一下，总的目标就是使子女配合机构共同帮助老年人渡过心理情感关。

4. 音乐疗法

养老机构可以试着在走廊、休息厅、饭厅等处多放一些怀旧歌曲、轻音乐，使机构内弥漫着一种温馨、轻松、舒适的感觉；也可以通过一些色彩、音乐、装饰等方法使机构显得有生气、有活力，减少老年人的压抑感和抑郁感。

5. 陪聊

机构内所有工作人员都有陪聊的责任和义务，无论通过什么方式。比如见面打招呼，时常送一个问候和拥抱，微笑服务，进行服务时顺便与老年人聊几句，长此以往都能够产生一定的心理效果。楼层护士站或服务站的工作人员的主要职责之一也是与老年人聊天沟通，了解老年人的需求、体验老年人的感受，使老年人能够感觉到亲情和温暖。陪聊是一项工作，不是可有可无，也不是哪一个人闲着没事干时的事情。很多机构并没有重视此项工作，没有把它作为一项服务内容对服务人员进行要求和考核，使得服务人员对老年人的询问和问题有时显得很不耐烦，也不愿意与老年人交流沟通，往往不经意间伤害了老年人的自尊和情感。

七、老年长期照护

（一）老年长期照护概述

长期照护的概念来自国外，其英文全称是"Long term care"，简写为LTC。人到老年，独立生活的能力由于疾病、生理或精神与心理残障而受到影响，对医疗服务和他人服务的依赖性随龄增加，甚至完全需要他人照护。LTC是为先天或后天失能者提供医疗护理、个人照顾和社会性服务，目标是整合健康照顾和日常生活协助，满足其长期的社会、环境和医疗的需求。世界卫生组织将LTC定义为由非专业护理者和专业人员进行的护理活动，以保证生活不能完全自理的人能获得最大可能的独立、自主、参与、个人满足及人格尊严。

所谓长期照护，一个经典的定义就是"在持续的一段时期内给丧失活动能力或从未有过某种程度活动能力的人提供的一系列健康护理、个人照料和社会服务项目"。这个定义清楚地阐明，长期照护主要是为了提高生活质量而不是解决特定的医疗问题，用于满足一般需求而不是特殊需求。长期照护的对象主要是慢病患者和残障人士。由于老年群体占据了其中的绝大多数，所以很多人习惯用"老年长期照护"诠释和替代"长期照护"。尽管这个概念有些狭隘，不够专业和精准，没有将残障群体包括进去，但是作为一个大众容易理解的概念，还是可以接受的。

照护可以分解为"照"和"护"两个层面。"照"指的是照料，包括一般生活照料、病后照料、术后照料、康复照料、慢病照料、临终照料等多种不同的照料；"护"指的是护理，多半指的是医学范畴的专业护理。老年长期照护根据服务提供来源一般分为正式照护和非正式照护。正式照护是指公共或社会正规服务机构、志愿者组织或商业性组织提供的服务，非正式照护是指由家庭成员、亲属、朋友和邻居提供的照护服务。在现实中，正式和非正式照护两者之间的界限不是十分清晰，关系上也存在合作、冲突、协调互补等诸多问题。但是，总体目标是一致的，就是照护好需要被照护的人。

"长期"是对照护延续时间的规定，说明此种照护不是简单一般意义上的照护。这种照护既不是短时的，也不是短期的，而是长期的。那么，多长时间算作长期？至今没有一个明确的全球统一标准。有人认为，长期照护的时间至少为 6 个月。也有研究者认为，生活不能自理且照料时间为 90 天以上的为长期照料。但也有一些学者认为，长期照护的时间无法确定，甚至指出，"老年人长期健康看护是没有明确时限的"。

LTC 也有多种中文翻译，最常见的翻译为"长期护理""老年长期护理""长期照料""长期照护"四种。将 LTC 译为"长期护理"的学者认为，长期护理是指个体由于意外、疾病或衰弱而导致身体或精神受损，致使日常生活不能自理，在较长时期内，需要他人在医疗、日常生活或社会活动中给予广泛帮助。长期护理的主旨并非治愈疾病，而是减轻身体功能或认知功能障碍，增强其生活自理能力，提高生活质量。长期护理的期限一般可长达半年或数年以上，并可以针对任何年龄阶段。

将 LTC 译为"老年长期护理"的学者认为，虽然长期护理可针对任何年龄的人，但由于长期护理的服务本质和人群的医疗分布特征，主要服务目标人群是老年人，老年人的失能状况是导致其产生长期护理需求的主要因素。因此，将 LTC 翻译为"老年长期护理"。当然，也有不同的声音认为，尽管长期护理的服务对象绝大多数是老年人，但是把 LTC 翻译为"老年长期护理"还是过于局限。因为 LTC 面对的是任何年龄阶段的、丧失日常生活能力的人，提供的是融医疗护理、个人照顾、社会支持等在内的综合服务，目的不只是实现健康老龄化，而是提高所面对服务对象的生活质量和生活自理能力。

将 LTC 译为"长期照料"的学者认为，为了区分医疗护理和非医疗护理，体现长期照料的本质，用"长期照料"这一概念更加科学。长期照料的本质是把没有治疗价值的护理服务对象从入住医院转变为入住其他服务机构，即把长期照料从治疗疾病的供给体制中分离出来，并建立新的供给体制，这就是长期照料服务体系。长期照料一般以日常生活功能或认知功能障碍者为服务对象，由非正式的服务提供者和正式的服务提供者等提供服务。通常周期较长，一般可长达数年甚至整个生命的存续期。重点在于尽可能长久地维持和增进患者的身体功能，提高其生存质量。在社会学研究中一般采用"长期照料"，比较贴近老年人的生活实际。长期照料是对面临失能风险人群的应对性管理。由于老年人群是失能风险的高发人群，长期照料从某种意义上来说是主要针对老年人群的风险管理。与医疗护理相对应，这种风险管理的根本特征是为失能老年人提供非医疗性服务。

LTC 作为现代社会的一种制度性安排，与家庭照料有着本质区别，既包括"nursing home"提供的专业护理，也包括家庭、社区提供的照料，因此翻译成"照护"更加全面。同时，与国外学者和国外相关组织机构或协会对 LTC 的定义较为接近。尽管老年长期照护的定义和模式还存在争议，但国际社会关于老年长期照护的原则基本形成共识，概括起来包括两方面：一是以照护对象为中心，对老年人实施个性化评估，理解和确认老年人的需求；二是与老年人及其家庭成员共同协商，为老年人提供有目标、有计划、有针对性、标准化和可持续照护。LTC 的目标是为有长期功能障碍的人提供的健康及健康相关服务，以最大限度地发挥个体的独立自主性。

（二）老年长期照护场所及机构

老年长期照护可以在多种场所实施，既可以在家庭，也可以在社区，专业照护机构更是合适的地方。各个不同国家老年长期照护机构的名称和称谓有所区别，但多数国家基本采用了以下几种机构称谓和模式：①护理院或护理之家；②老年人辅助社区；③失智症专业照护机构；④持续照料养老社区（CCRC）；⑤临终关怀机构等。

（三）老年长期照护内容

老年长期照护的内容涉猎面很广，几乎涵盖了老年人所需要的所有方面。既包含了最主要的医疗救治、专业护理、临终关怀等，也包含了老年心理疏导和精神慰藉，还包含了社会关系的维系和社会参与的需要。老年长期照护与医疗护理的最大区别不仅仅是在时间跨度上一个是短时短期，一个是长期，在内容上也有着一定的不同。医院护理的核心更多的是围绕着解决病人如何尽快恢复、早日出院的问题，其主要手段是通过药物和护理达成；而老年长期照护的核心更多的是围绕如何维持现有残余功能、如何减轻痛苦，使其生活质量有所保障和提高的问题，其主要手段是通过人文关怀、精心服务、心理疏导等达成。概括而言，老年长期照护的内容主要包括以下几个方面：

（1）慢病管理。

（2）疼痛管理。

（3）用药管理。

（4）医疗救治。

（5）专业护理。

（6）康复训练。

（7）生活照护。

（8）心理慰藉。

（9）死亡教育。

（10）临终关怀。

（四）老年长期照护服务团队

老年长期照护的服务团队不像医疗服务那样简单，是由医生和护士构成。老年长期照护服务团队需要由多种不同职业、不同专业、不同层面的人群共同组建而成，除了医生护士之外，专业康复技术人员、专业心理咨询师、专业药师、专业营养师、社工、养老护理员、机构管理者、志愿者、老人家属等都是这个团队不可缺少的力量。

第二节　智慧养老

智慧养老是多个领域跨界、融合创新的过程和结果，根本的驱动力是技术革命和养老理念的变革，本质是互联网和智慧技术向产业及社会渗透引发的裂变和重构。在国内，智慧养老概念源于智慧城市概念的流行，仅停留在理念创新和认识阶段；在国外，则是以居家养老服务、环境辅助生活、数字养老、远距离照护、个性化陪护等多样性选择和组合式养老最为流行，并形成了规范化服务内容和市场化的服务能力，具有较强的市场认同感和感受度。

移动医疗、整合性服务、生活实验室等项目也包括了智慧养老内容。居家养老概念最早提出是在美国和加拿大，强调的是老年人不是在专门的养老机构中，而是在家中或社区内养老，老年人可以获得独立和幸福的晚年生活；环境辅助生活是欧盟于 2007 年开始重点资助的项目，强调为老年人和残疾人建设一个居家、社区和汽车的生活氛围和支持系统；数字养老、远距离照护、移动医疗则相对宽泛，主要强调了信息技术的应用；整合性服务则强调医疗服务自身和社会性服务的连续性和信息共享；生活实验室强调用户参与及真实环境下的创新模式。

世界卫生组织一直推行的健康老龄化和积极老龄化理念，主要强调树立老年人的预防意识、积极心态、独立能力和老有所为的自信心，培养良好的个人行为、社会融入度和正确价值观，发挥老年人在构建友好社会中的作用，拥有美好、幸福、快乐的老年生活。经过多年不同的学科背景和产业环境下的探索，各个概念和创新实践间的交叉度越来越高，虽然这一过程还处在快速演化之中，但与主导技术融合趋势和方向越来越显现，即智慧养老、基于健康老龄化和整合性服务及社区居家养老相交叉和重叠的部分，应是未来养老服务的主导技术或服务模式的基本发展方向，推动原来以人员密集、集中式的机构服务朝居家化、个体化、个性化和专业化方向发展，服务的范围也应该有重大的扩展和突破。与此同时，世界卫生组织也希望通过市场化手段，加快产品技术与应用创新，构建市场需求下的产品生产与应用服务的协调发展，形成良性循环运行下的完整的服务体系架构和产业链。

"智慧养老"是养老产业的创新名词，也是运用信息化手段、互联网和物联网技术，研发面向居家老人、社区以及养老机构的物联网信息系统平台，并在此基础上提供实时、快捷、高效、低成本、个性化、菜单式的养老服务方式和类型。按照不同的养老方式和类型，形成针对性较强和可持续发展的智慧养老商业模式，借助各种新型养老产品和技术元素，帮助居家老人、养老机构、社区等专业养老服务团队大幅提升服务能力和水平，提高市场化运营的管理效率，并使得居家养老、社区养老、机构养老体系建设更加科学合理，使得老年人能够按照自己的实际需求进行自主选择养老服务类型，自由、简单、便利地享受健康的老年生活，享受科技带来的服务，提升老年健康快乐的生活品质。

一、智慧养老基本概念

智慧养老的概念最早由英国生命信托基金会提出，当时称为"全智能化老年系统"，即老年人在日常生活中可以不受时间和地理环境的限制，在自己家中过上高质量、高享受的晚年生活；又称为"智能居家养老"，指利用先进的信息技术手段，面向居家老人开展物联化、互联化、智能化的养老服务。后来，这一概念逐步推广到其他国家，指将智能科技应用于居家和社区养老，根据老年人的多样化需求，构建智能化的适老居住环境，满足老年人的物质与文化需求，提供老年人的生活质量。智慧健康养老主要是强调健康为主线的服务内容和服务模式，运用好这些理念，享受好相应的服务，这本身就是智慧的健康养老。

2008 年 11 月，IBM 在纽约召开的外国关系理事会上提出了建设"智慧地球"这一理念。2010 年，IBM 正式提出了"智慧城市"愿景，希望为世界城市的发展贡献自己的力量。在此背景下，在"智能养老"的基础上进而发展出了"智慧养老"的概念。"智慧养老"是"智能养老"概念的更进一步发展，从词义上讲，"智能"（intelligent），更多地体现为技术和监控；"智慧"（smart）则更突出"人"以及灵活性、聪明性，更加强调人性化的服务理念。此外，在满足老年人的多样化、个性化需求的基础上，还需要借助信息科技的力量实现绿色养老、环保养老、健康养老，以物联网、互联网为依托，集成运用现代通信与信息技术、计算机网络技术、老年服务特有技术和智能控制技术等，聪明灵活地为老年人提供安全便捷、健康舒适的服务，使老年人对养老变得不再恐惧而更有趣味，最终为老年人打造健康、便捷、愉快、有尊严、有价值的晚年生活。

二、智慧养老的内涵

（一）养老服务模式形成机理

人生步入老年阶段，在生理、心理、经验等方面，跟年轻人有着明显的差异，老年人的需求与年轻人也有很大的不同，因此，相应的技术与服务在设计与应用过程中也会与智慧医疗中的智能产品与服务有所差别，从而更好地满足老年人这样特定人群的需求，简单地说就是不仅要有"人情味儿"，还要有"老年味儿"。

1. 层级化

结合物联网概念，根据数据的产生、处理以及传递，把养老系统按照层级化、模块化理念划分成三个部分。首先，底层是智能家居、可穿戴设备等用来监控老年人的体征状况、住所环境、所处位置等；同时，智能手机等通信工具发挥着紧急呼叫、网上购物等信息传递功能。其次，智能居家养老平台汇总底层通过移动网络和有线网络传输过来的数据，并加以处理，然后传送至最后一层相应的服务机构。服务机构有治疗机构、社区服务中心、超市/电商、家政公司、智能家居提供商、旅行社、老年大学、虚拟社区等，来满足老年人不同层次的需求。

2. 模块化

根据老年人的不同需求，将养老服务内容分成不同模块。除了政府公开、社区物业、实时新闻等公共信息服务模块外，分别按照老年人个性需求设计个性化服务模块和子模块，并分类型列出服务明细和服务价格，以菜单化形式可供选择。让老年人感觉到方便快捷、清晰可见、消费明确。

（二）智慧养老医疗健康服务系统的数据融合

智慧养老需要给老年人提供完善并且针对每个老年人个性化的医疗服务、生活服务、社会关怀，将数据融合技术应用在智慧养老平台中，可以针对根据老年人的海量数据分析处理每个老年人的不同特点和需求，因此在数据融合技术用于智慧养老的研究中，将数据融合技术分为医疗数据融合和行为数据融合。

1. 医疗数据融合

老年人因为适应能力、储备能力和抵抗能力的下降，容易引发各类疾病，如感冒发烧、慢性支气管炎、心血管疾病和睡眠障碍问题等。医疗数据融合在养老领域的研究更多地集中在这些老年人的易发病和慢性病上面。

医疗数据融合分为数据层数据融合、特征层数据融合和决策层数据融合，研究较多的是特征层数据融合。特征层的多体征信息数据融合技术，可以检测出很多数据层融合无法检测的病症，如利用心电、血压、脉搏等参数融合得到心血管疾病结果，心率、血氧、呼吸、血压融合得到呼吸道疾病结果等。

心电－血压融合判决的主要原理如下：

第一，心电波形（ECG）采集方便，并可以根据 ECG 计算出动脉血压波（ABP），根据 ECG 和计算出来的 ABP 来诊断患者的心血管状况。

第二，ABP 和 ECG 各自的特征在异常点时刻会出现相似的波动，因此对其进行相互检测。

第三，将 ABP 和 ECG 进行数据融合来计算心血管功能是否完好。

心电－脉搏融合判决机制的主要原理是：心电和脉搏两种参数检测方便，并且具有很高的关联性，这也使得这两种特征值的相似程度、相异程度对于病情的诊断有很大的帮助。这也是近年来研究较多的特征层数据融合方法。

心电－呼吸融合判决机制的主要原理是：呼吸状态对心电特征有影响，利用心电信号与呼吸特征值的相似性进行协同判决。后来的研究中将血氧和血压检测值结合心电和呼吸值来共同进行呼吸道疾病的诊断。

不同于心血管疾病和呼吸道疾病，感冒发烧和睡眠障碍疾病均是利用传统的阈值判别法即可进行监测，感冒发烧可以通过脉搏、呼吸和体温来进行判别，睡眠障碍可以通过脉搏、呼吸和体动次数来进行判别；也可以使用协同机制与阈值判决相结合的方式，来进行医疗监护，主要包括体温、心率和血氧饱和度来检测发烧感冒，收缩压、舒张压、心率以及动态脉压（APP），平均动脉压（MAP）和动态心率血压乘积（ARPP）来检测心血管疾病，收缩压、舒张压和血氧饱和度来检测睡眠质量。

决策层的医疗数据融合可以判断特征层的融合结果准确性，并根据患者历史体征数据进行病情预测和诊疗方案。目前国外已建立起根据体温、心率、血压等检测内容的综合诊断系统，使用决策级数据融合技术来检测和报告高血压患者在家中的健康状况，其关联的内容包括患者的生理、行为和生活环境。基于最小二乘支持向量机（LSSVM）的决策级数据融合技术用于远程医疗监护应用场景。

2. 行务数据融合

行为数据融合是将多源数据进行融合，完成对用户行为的识别，把用户行为的识别划分成四个层次，分别是身体体感行为识别、日常生活行为识别、基于时间和空间融合的时空行为识别和用户社交行为识别。

在这四个层次中，身体体感行为识别只需要依靠单个传感器或少数几个传感器的数据融合识别，识别技术已经较成熟。日常生活行为识别通过穿戴式设备，以及在目标周边的多传感器来完成，国内外已有较多研究成果。时空行为识别则主要是指对用户的日常生活进行定位，可以使用 LBS（Location-Based Service，基于位置的服务）的位置感知应用来实现，其研究热点在于无缝定位和地理位置识别两方面。社交行为识别与日常生活行为、时空行为有直接的关系，由于智能手机的兴起，利用手机中的多传感器数据源融合识别目标的社交行为也是一大研究热点。

（1）体感行为识别

体感行为识别在智慧养老领域通常使用多传感器融合来识别老年人跌倒行为，老年人手势识别、面部表情识别以及老年人睡眠姿势的识别。通常老年人体感行为识别方式分为两种，一是只通过老年人周围的各类传感器进行老年人某一方面体感行为的识别，另一种是结合老年人周围的各类传感器以及视频信息、音频信息来识别老年人的某些体感行为。如散步、弯腰、跌倒等，与传感器的分类决策信息进行融合，通过各种分类行为判断模型（如跌倒判断模型），识别为跌倒与未跌倒结论。此外，还可将传感器与视频信息、音频信息融合方案来判断体感行为，如利用摄像头对老年人目标进行实时跟踪，并利用老年人身上的传感器获取老年人的位置信息，然后使用模糊集算法对摄像头信息和传感器信息进行融合，对老年人即将跌倒的可能性做出判断，并发出预警信息。为了更准确地判断，模型中可叠加面部情感识别系统，用于识别老年人目前处于正面情绪还是负面情绪中。传感器与视频、音频融合的方式更有利于对老年人的体感行为进行判断。

（2）日常生活行为识别

老年人的日常生活中，居家生活占了大多数，日常生活行为识别对老年人日常在家的活动进行识别。国外将老年人在室内的日常生活活动定义或划分为七项差异相对较大的分项，分别是卫生、厕所、吃饭、休息、睡觉、交流以及穿衣／脱衣。很多研究融合了不同的传感器信息对老年人日常生活行为进行识别，如通过 RFID 标签读取器和加速度计的数据来对老年人日常行为进行评估；通过生理传感器、麦克风和红外传感器等进行模糊集的融合，来获得老年人的日常生活评估；通过智能家居系统对老年人在家中的各类活动信息进行采集，并通过算法完成对老年人这七个日常行为的识别。

（3）时空行为识别

时空行为识别对于老年人来说有两个重要作用，一是在老年人出现危险报警时进行空间定位；二是对老年人时空数据进行融合处理后可用于识别老年人的时空行为，进而找出老年人外出活动的日常活动常去地点或是周期性活动规律。目前，数据融合技术在时空行为识别中的研究分为无缝定位和地理位置识别两个方面。

由于室内外环境和定位技术的原理不同，一种定位技术很难能同时用于室内和室外，为了准确地进行室内外定位，需要室内和室外定位技术混合使用。无缝定位技术是当目标在室内外活动时进行定位切换。目前室内定位方法包括Wi-Fi 定位、RFID 定位、Zigbee 定位等，室外定位方法包括 GPS 定位、基站定位、北斗等卫星定位等。对于室内定位和室外定位的无缝连接，第一种方式是由定位技术判断用户处于室内还是室外，并完成室内定位与室外定位的切换；第二种方式是由其他传感器来判断目标处于室内还是室外，并由此进行切换。地理位置识别的思路通常分为三种，一是利用 GPS 坐标，对坐标进行沿着时间轴的空间聚类，以发现老年人常去的位置；二是通过测量 Wi-Fi 的 AP（Access Point，AP）的连接信息，来获取老年人的位置；三是通过 GSM 基站的编号来获取老年人的地理位置。

（4）社交行为识别

老年人的社交行为与年轻人不同，他们很少使用社交网络进行社交行为，而是采用传统的出行方式，其出行的目的也与年轻人不同，主要在于购物、休闲健身、看病以及探访亲友。针对老年人社交行为的特点，要对其进行社交行为识别则需要融合各类传感器的数据，分析这些数据中老年人所处的情景状态，从而推测其社交行为。随着智能手机的兴起，利用手机中的各类软硬件获取大量数据也是一个新的研究方向。智能手机中的硬件包括 GSM、麦克风、蓝牙、加速度传感器等，软件包括通信录、通话记录、短信记录、邮件记录等，通过这些数据的融合，可以识别用户的朋友交际圈、日常交流活动信息、常去的购物或健身场所等社交行为。

三、智慧养老服务基本内容

（一）人身安全监护模块

1. 远程安全监护

安全是老年人居家养老的首要需求，也是智慧养老信息平台为老年人服务部分的基础功能之一。将远程安全监护作为最底层的需求与平台模型最基础的部分，是因为相比于传统意义上的居家养老，智慧养老突出的特点在于借助信息科技的力量为养老服务提供支持；而生命安全是老年人最重要的需求，老年人由于生理条件和反应能力等特点，成为意外事件的高危人群，因而对于老年人的安全监护是老年人的首要需求。特别是对于子女不在身边的老年人，或者白天子女需要外出上班而无人看管的老年人，发生意外时，无法得到及时的救助成为威胁老年人生命安全的巨大隐患。

远程监控系统基于宽带网络，高度集成了安防技术、视频技术、网络技术、计算机技术等，也是一种质优价廉的中低端视频监控系统。用户可以利用手机和无处不在的互联网，随时随地浏览视频图像。同时，系统支持 Web 网站多平台接入、企业客户端和手机登录方式，拥有强大的视频浏览功能，能够实现用户图像分屏查看、历史视频查看、照片抓拍和云台控制等，是新一代的民用安防产品。

通过远程监控技术，可以监控独自在家的老年人的生活起居，有效规避老年人发生意外时无人知晓、不能得到及时救助的情况发生。如果铺设重力感应地板等智能家居材料，还可以监测到老年人摔倒等意外情况，及时发出报警信号或者通知老年人的子女。此外配合移动设备，如智能腕表等以及无线互联网、GPS 定位、三轴加速度传感器、陀螺仪等技术，还可对老年人实行户外安全远程监控，防止老年人走丢。

智能拐杖在出行生活中是非常重要的工具。除了 LED 手电筒、收音机、即时通信系统等基本功能外，智能拐杖还应该具备加速度传感器、GPS 定位器等装置。当发生跌倒或者其他紧急情况时，拐杖能通过无线信号发射器以及蜂鸣报警器等向外传达警报以及位置信息，使得老年人能够在最短时间内获得救援。

2. 居家安防

另外，老年人经常会因为记性不好而忘记关掉煤气、水、电等，这时智能家居系统就发挥了作用，相应的系统会发出警报提醒老年人及时关闭，如果报警一段时间还是无人响应的话，系统会进行处理将其关闭，以确保老年人的人身安全。遇到这些紧急的情况，通知家人可能来不及，因此需要智能的居家安防系统来确保每一个用户的生命财产的安全。

智慧家居报警系统由家庭报警主机和各种前端探测器组成。前端探测器可分为门磁、窗磁、煤气探测器、烟感探测器、红外探头、紧急按钮等。若有人非法入侵便会触发相应的探测器，家庭报警主机会立即将报警信号传送至小区管理中心或用户指定的电话上，以便保安人员迅速处警，同时小区管理中心的报警主机将会记录下这些信息，以备查阅。

从安防角度来讲，安防系统可实现家居安防报警点的等级布防，并采用逻辑判断，以避免系统误报警；可采用遥控器或键盘对系统进行布防、撤防，一旦发生报警，系统自动确认报警信息、状态及位置，而且报警时能够自动强制占线。

第一，报警及联动功能。安装门磁、窗磁可防止非法入侵。小区警卫可通过安装在住户室内的报警控制器在小区管理中心得到信号，从而快速接警处理。同时，在室内发生报警时，系统向外发出报警信息的同时，报警联动控制可自动打开室内的照明装置、启动报警信号等。安装在室内的报警控制器具有紧急呼叫功能，小区管理中心可对住户的紧急求助信号做出回应和救助。

第二，回报警管理显示功能。住户离开家时，可设防进入离家模式即"防盗报警状态"。为有效防止非法入侵，小区物业中心的管理系统可实时接收报警信号，自动显示报警住户号和报警类型，并自动进行系统信息存档。

第三，设 / 撤防联动控制。主人外出前启动安全防范系统的同时，系统可以联动切断某些家用电器的电源，例如，关掉所有的灯光，切断电熨斗、电水壶、电视机等家用电器的插座电源等；主人回家时可调整为正常，进入在家撤防模式，部分照明灯自动打开，门磁和窗磁离线，而室内烟感探测器和厨房的可燃气体探测器仍处在报警模式。

第四，预设报警功能。智慧安防系统可预设报警电话，如120、119等进行不同的报警，并与小区实现联网。另外，可通过预设发警报到住户的手机或指定电话上。

报警器在智能居家养老系统中，当老年人在家发生意外或者居住环境发生意外时，报警器就会产生危险信号，通过网络将信号发送给相关人员，主要产品有红外线报警器、烟感报警器等。

下面对红外线报警器做一个简单的介绍。红外线报警器是一个体温感应仪，可以安装在洗手间或老年人常去的地方，如果老年人连续四五小时没有在感应仪前通过，报警器就会自动报警，服务中心可马上拨打老年人家中电话，如果没人接听，可通知相关人员前往。

若想了解什么是红外无线报警器，首先要了解什么是红外线。红外线是一种电磁波，也是一种处在特殊频段的电磁光波。那么红外无线报警器，就是利用红外线传感器的特定传感功能进行安防报警的一套设备。它的主要特点是隐蔽性好，传感速度快，无线安装节省了空间，也提升了美感。正是因为红外无线报警器有着这样的优点，所以现在很多安防系统都使用它作为报警器。

无线红外报警器优劣最重要的一部分就是前端的探测部分，如果探测部分的灵敏度不够，或者前端探测出现故障，那么整套报警器就像是形同虚设一般。另外，还要取决于通信手段。

首先就来介绍一下红外线报警器的前端配置。红外线报警器一般是在确定场所中，当场所内不需要有外人进入时，报警器就会根据人的需要进行开启。如果红外线报警器开启了，那么就会在可控范围内布置红外线报警网络。当前端探测发现异常信号输入报警器的时候，报警器的信号分析系统将做出迅速的反应，立刻发出报警信号给发声端和报警器的控制终端。信号发射出来之后，报警器瞬间发出极其刺耳的报警声以及其他控制措施，安防人员听到报警声迅速行动，赶到报警现场进行处理，那么整个报警工作就完成了。

（二）物质保障与生活照料

除了生命安全，生活物资供应是老年人日常生活的另一个重要需求。老年人行动不便，常常需要别人提供日常的生活物资。为此，智慧养老平台可以与社区附近商家、超市等合作，为老年人提供平台订货、送货上门服务，让老年人享受到足不出户就能吃到新鲜蔬菜、喝到当日牛奶。生活日常用品全部送货上门。

由于身体机能的衰退，很多老年人不能很好地打理自己的住所，因此家政服务也是老年人的一个需求。为此，智慧养老平台与家政公司合作，老年人可以在家预约家政服务，例如保洁、水电维修、家庭装修等。服务人员上门提供生活帮助服务。服务的质量以及服务人员的服务态度等都可以直接反馈到智慧养老平台的帮助中心，中心的管理者根据反馈情况选择优质的家政公司形成长期固定的合作，给老年人提供更加优质的服务。

智能家居在老年住宅中也将有所应用，包括遥控家中的电器、调节家中的空气和音乐等。例如在智能建筑中实现移动电话、传呼机信号转发的功能，利用电话远程控制，高加密（电话识别）多功能语音电话远程控制功能，即使老年人在外面也可通过手机、固定电话来控制家中的空调和窗帘、灯光电器，使之进行开启和关闭状态，设定某些产品的自启动时间，通过手机或固定电话知道家中电路是否正常：既方便老年人的日常生活需要，作为儿女也可随时查看家用电器状态，随时安全提示。另外，远程视频使得老年人与家人之间的联系更加紧密。特别是子女不在老年人身边时，子女可以随时看看老年人的生活状态。

老年人的身体每况愈下，患有慢性病的老年人越来越多，因此老年人离不开日常的护理。当老年人呼叫护理的时候，智慧养老平台会从社区医院等相关机构中筛选出合适的护理人员，为老年人提供全面的护理服务。特别是当老年人紧急呼叫后，中心人员首先打开视频监控，判断老年人需要何种紧急救助措施，然后迅速派单处理，及时有效地解决老年人的困难。

1. 智能家电

智能家电系统通过家庭控制终端和智能遥控器对家用电器进行控制，可控制家庭网络中的所有电器设备，包括白炽灯、日光灯、电动窗帘／卷帘、普通电器、大功率电器、红外电器（如电视、空调、DVD、音响等）。

2. 智能无线摄像头装置

智能无线摄像头装置是专门为空巢或独居老人而准备的智能养老设备，分为智能无线摄像头和手机两部分。摄像头可安装在家中，手机安装相关客户端后由老年人子女携带，两个设备通过互联网实现对接。子女外出时，如果想了解老年人在家中的情况，就可以通过手机看到老年人在家活动的实时画面，也可以与之进行视频通话。

3. 情境模式

设置情境面板，可实现对全宅指定区域内灯光、空调 / 采暖系统、音视频系统、泳池设备等的控制；同时可设置多种场景（如灯光明暗组合、通信音频设备之间的组合），实现看电视、休息、聊天、就餐、外出等模式，根据主人的生活习惯进行后期设计。设置智慧背景音乐面板，可开启和关闭背景音乐，在选择曲目和新闻广播的同时，具有呼叫家庭人员或呼叫保姆的功能。

4. 智慧影音系统

全宅背景音乐共享使得每个房间都可以独立听音乐、切换超级享受。而全宅音视频共享系统则集全宅背景音乐系统与视频共享控制于一体，构建出一个时尚、全新的视听家庭影院系统，让家成为一个超级多媒体娱乐中心。安装系统后，家里的音视频信号源就可供多个房间同时使用：背景音乐输送到的房间，均可自由选择音源，及独立打开、关闭本房间的背景音乐，调整音量大小，并且互不干扰；视频输送到的房间，均可通过本房间的电视机自由查看不同的源视频信号，如，家里的每一台电视机均可查看门口摄像头的视频监控图像，只需购买一台DVD，每个房间的电视都可收看DVD的视频节目。

（三）社交、旅游、老年大学

人是社会性动物，少不了与周围人互动，因此每个人都有社交需求。退休后社会交往变少，再加上身体机能的衰退，老年人对亲情和友情的需求会变得更加强烈，因此更加需求来自家人、朋友以及社会的关心、关爱和帮助。近年来随着移动互联网技术的发展、社交网络的兴起和成熟，互联网与智能养老、智能家居深度融合，创造出了一些专门服务于老年人社交圈子的智能家居产品，帮助老年人形成包括亲友圈和朋友圈在内的社交圈子，例如家庭陪伴机器人、亲友圈、虚拟社区等。

1. 老年在线交友网络

每个人都需要伴侣，老年人更加如此。子女已经成家离去，自己退休赋闲在家，如果不幸丧偶独居，老年人心里最寂寞难耐。实际上，很多老年人并不是想找人再结婚，而是需要有个同龄人聊聊天，或者看看电影什么的。其孤独感比社交生活丰富的年轻人大得多。

养老不仅是让老年人过着悠闲自如的生活，更重要的是要满足情感孤独产生的需求。如今的社交与婚恋网站大多是为年轻人设计的，并没有专门为老年社交开辟一片园地，而他们却恰恰是最渴望陪伴的人群。

2. 旅游休闲

随着目前居家老年人数量增加对于新时代下养老观念的转变，旅游已成为"银发族"生活的重要方式之一。因此，居家养老平台可以与旅行社合作，针对老年市场的特殊性及老年人的消费特征开发了一些丰富的养老旅游产品，丰富老年人的生活，提高老年人的生活品质。在设计老年人产品的时候应该充分考虑老年人的身体状况以及心理需求。

3. 创办老年大学

很多老年人在退休后的一段时间，需要补充各种新的知识，以满足年轻时或工作上的知识兴趣不足，弥补知识断档的缺憾，希望老有所为，因此老年大学具有重要的办学意义。首先有利于老年人社会交往的扩大与集体生活的重建。老年同样需要社会交往，老年大学可以使得兴趣相投的老年人得以聚集起来，构建一个同龄群体，从而扩大了老年人的社会交往。这对于老年人继续社会化无疑具有重要的作用。同时，老年大学还有利于家庭的融洽与社区的和谐以及国家人力资源的持续供给。于是，居家养老平台可以与老年大学合作，提供老年大学远程教育的接口，使得老年人可以足不出户地在家学习。

（四）健康医疗方法

进入老龄阶段以后，各项生理指标都开始偏离正常水平，机体自身对致病因子的抵抗能力和免疫能力随之减弱，整个机体存在极大的不稳定性。因此，相对于年轻人，老年人更加易于患病，且更不容易康复。于是，建立在物联网、可穿戴设备基础之上的居家养老智能服务，首先就要对老年人的各项生理指标进行实时采集、监测与分析，建立每个老年人的健康档案，便于老年人进行自我健康管理以及更加准确及时地对疾病进行诊断与治疗。因此，根据老年人的身体状况，老年人的智能健康医疗服务又可分为自我健康管理以及智能治疗与康复，而这两部分实现的前提就是对老年人身体的智能检测。

1. 健康智能检测

随着物联网、传感等技术的发展，市场上涌现出了大量新型的智能检测设备，实现对人体各项生理数据的采集。这些设备可以通过传感器采集人体的生理数据（如血糖、血压、心率、血氧含量、体温、呼吸频率等），并将数据无线传输至中央处理器（如小型手持式无线装置等，可在发生异常时发出警告信号），中央处理器再将数据发送至医疗中心，以便医生进行全面、专业、及时的分析和治疗。

然而，目前大部分智能检测产品使用过于复杂，操作性不强。此外，市场上的各种设备还存在其他问题，例如产品设计固定单一，无法满足个性化需求；佩戴舒适性较低；价格高，适合中青年而不适合老年人；不够智能，需要不断切换模式；等等。这些因素导致了大部分的智能产品无法在老年人群中普及流行。

因此，智能设备商在设计生产智能设备的时候，需要充分考虑到老年人的身体状况、思维方式、使用习惯等，尽量增加产品的可操作性、可视性以及可读性等。这样才能加速智能产品在老年人群中的推广。

2. 智能健康体校系统

该系统由身高及体重测量仪、体检座椅和数据显示屏组成。老年人只需用身份证进行简单注册，就可以完成建档并开始检查。该系统可测量血压、血氧、体温、身高、体重、血糖等生理参数，且参数马上就可以在数据显示屏上显示出来，如果测量参数在正常参数范围之外，显示屏将做出提醒。同时，这些参数还将通过 Wi-Fi 或 4G、5G 网络上传至医疗云端服务器，多次体检后，老年人及其子女利用电脑和手机登录云服务系统就可查询老年人长期的生理趋势数据等。此外，老年人的健康参数还通过医疗云端服务器传至多家医院，医疗专家将为老年人提供远程健康指导及会诊服务。

3. 自我健康管理

"上医治未病"。随着生活水平的提高，越来越多的人开始关注身体的健康与疾病的预防。锻炼身体虽然能增强身体的抵抗力，减少疾病的发生率，可并不能提高身体的敏感度，也不能帮助人们预见疾病的发生。如今智慧医疗却能够弥补这一缺憾。通过物联网、传感器、大数据、人工智能等信息技术与产品，智慧医疗能够为人们提供更好的医疗保健、健康管理服务等手段，使人们自主地、有效地预测和预防疾病的发生，实现"我的健康我知道，我的健康我管理"，预防疾病的成本要比治疗的成本小得多，同时也能缓解我国医疗资源的压力。

自我健康管理强调自治，重点在于健康数据采集，然后把这些数据进行处理和分析，让老年人能够及时了解自己的身体状况，并对自己的健康进行有效管理，这种模式适用于有完全自理能力、关注自身健康的老年人。由于人体体温、气味、皮肤温度、脑电、心电（心率及心率变异性）、血氧饱和度、皮电、指尖血流量、指尖脉搏、呼吸率等其他对外辐射的各类生理学指标，以及这些指标的变化值都分别表达着人体正常与非正常、健康与病态程度的不同特征，因此我们可以通过可穿戴设备、传感器等智能终端设备对老年人进行生命体征信息的实时采集、跟踪与监控。智慧养老平台可以 24 小时在线实时监测每个老年人（包括心跳、血糖、血压、血氧、胆固醇、脂肪含量、蛋白质含量等）的体征信息数据，所测数据直接传送到社区服务中心的老年人健康档案，同时根据各类病理现象的模型设计，通过个体个性化、差异化数据的修正因子测算，形成每个老年人的健康报告并告知他们自己的身体状况以及生活饮食方面需要注意的地方等。同时，健康报告发送到子女等亲属手机里，让他们了解老年人身体状况并予以关心照料，慰藉子女的孝老爱亲的情怀。

4. 智能治疗与康复

除了疾病的预防与预测，对老年人疾病进行及时有效的治疗也是智慧养老的重点。当老年人的健康档案出现数据异常，系统可以启动远程医疗，必要时上门进行医疗服务或者送患病老年人到医院进行治疗。智能医疗服务与自我健康管理的区别在于，后者不仅有健康指标的采集功能，更需要医护人员被动参与到老年人的生病治疗上。老年人出现重大健康问题之前，往往有体征数据的变化，通过对老年人的健康档案与电子病历进行分析，可以提前诊断与治疗，提高康复率的同时也减低了医疗成本。美国的实践表明，居家智能网络可以在老年人重大健康问题出现之前10～14天内监测到异常变化。早诊断与早干预，可以节约大量医疗费用，减少患者的痛苦，缩短治疗时间，提高老年人生活质量。

由于每个老年人身体状况的不同，因此平台中每个老年人的体征数据都不尽相同。为此，智慧养老平台需要根据每个老年人健康档案中的数据，建立机器学习的智能模型，对老年人的身体状况进行分类，这样就可以为每个老年人提供更加个性化的健康医疗服务。医护人员也可以根据老年人的健康档案，更加及时并准确地对病情进行诊断与治疗。同时，这些数据可以作为科研的一手材料提供给医院以及其他相关的研究机构，这样也就丰富了相关疾病的医疗数据。基于数据挖掘与大数据相关的方法，研究机构可以发现更多于该疾病的相关体征变量，建立起它们之间的相关模型，从而便于该类疾病的预测与防治。越多地数据意味着越多的样本，这也就增加了数据模型的准确性，提供了模型的预测性，形成了一个良性循环。

再者，互联网技术的应用使看病过程中一些非核心的环节能在网络中完成，例如挂号排队等；同时，传感器等智能设备的使用，使医院能够随时随地监测到老年人身体各项指标，这样也就缩减了医院对患者身体的检查环节。老年人在医院看病的流程得到很大程度的优化，使得医院能够集中精力在其核心业务上，也就大大提升了患者看病的效率。

值得一提的是，社区医院与中心医院将在整个智慧医疗服务平台中扮演着不同的角色，这也正是我国分级诊疗制度的核心内容。

首先，经过智能诊断后发现只是普通的病，例如感冒等，患病的老年人没有必要到中心医院就诊，此时社区医院需要承担起这些患者的医治，如果必要，还需到老年人家里为患病老人提供服务，包括健康体检、预防保健、疾病治疗、心理咨询、营养及运动指导等。

其次，一些地方属偏远地区，去中心医院就诊非常不方便，如果情况紧急，社会医院还需要为患者提供远程治疗以及远程智能监护服务。特别是当老年人的生命体征突然发生重要改变时，智慧医疗系统会自动发出警报，提示有紧急突发事件。此时，由于社会医院与患者所处位置较近，可以让社区医护人员迅速赶往事发现场，也就有利于及时救治老年人。电子病历的建立与共享，使得社区居民的有关健康信息可以通过无线网络等方式快速传送至中心医院，而后可开启远程医疗系统，远隔千里的专家就可以讨论病情、查看结果甚至可以遥控手术。

然后，对于那些康复期的老年人，社区医院可提供医护场所与医护人员，使得老年患者能够在自己熟悉的环境中进行康复治疗。同时，对于患有慢性病的老年人，社区医院也需要承担康复以及护理工作。因此，可以看出社区医院的建立不仅保证了老年人看病的需求与效率，同时也缓解了中心医院的看病压力，优化了整个医疗系统的效率。

参考文献

[1] 陈雪萍，郑生勇，唐湢云．互助养老服务理论与实践 [M]．上海：上海交通大学出版社，2017．

[2] 蔡平．城市居家养老服务与社区治理创新 [M]．北京：现代出版社，2018．

[3] 丁建定，郭林．中国养老服务发展研究报告 [M]．武汉：华中科技大学出版社，2019．

[4] 郭源生，王树强，黄钢，等．智慧医疗与健康养老 [M]．北京：中国科学技术出版社，2017．

[5] 胡宏伟，李建军，李兵水．居家养老服务保障养老状况与公共政策选择 [M]．北京：中国质检出版社，2012．

[6] 江士方．互联网时代城镇养老服务新观念 [M]．上海：上海交通大学出版社，2019．

[7] 孔卫东．居家养老服务 [M]．青岛：中国海洋大学出版社，2017．

[8] 罗润东，李煜鑫，李超．老龄化背景下人力资本代际关系研究 [M]．北京：知识产权出版社，2019．

[9] 李彤．养老服务标准化 [M]．上海：上海财经大学出版社，2019．

[10] 李雪兵，龙岳华．养老服务机构标准化建设管理规范 [M]．湖南科学技术出版社有限责任公司，2021．

[11] 柳青峰．智能护理与健康养老 [M]．武汉：湖北科学技术出版社，2019．

[12] 刘记红．基于社区管理创新的城市居家养老服务发展研究 [M]．长春：吉林文史出版社，2019．

[13] 李文军．社区居家养老服务绩效评估研究 [M]．北京：中国政法大学出版社，2017．

[14] 马冬梅. 城市养老服务多维度调查与研究 [M]. 武汉：华中科技大学出版社，2019.

[15] 乔尚奎. 积极应对人口老龄化 [M]. 北京：中国言实出版社，2018.

[16] 任际，曹荠，茹丽静，等. 积极应对老龄化 [M]. 沈阳：辽宁大学出版社，2018.

[17] 沙艳蕾. 新时期中国老龄化问题及应对策略 [M]. 武汉：武汉大学出版社，2018.

[18] 宋剑勇，牛婷婷. 智能健康和养老 [M]. 北京：科学技术文献出版社，2020.

[19] 涂爱仙. 需求导向下医养结合养老服务供给碎片化的整合治理研究 [M]. 长春：吉林大学出版社，2021.

[20] 王建武. 养老服务创新与实践 [M]. 济南：山东科学技术出版社，2019.

[21] 许强. 养老机构外部健康行为空间的机理研究 [M]. 北京：中国经济出版社，2019.

[22] 许伟. 智能养老服务研究 [M]. 武汉：湖北人民出版社，2020.

[23] 徐锋. 医养结合养老服务的理论与实践 [M]. 北京：中国社会出版社，2019.

[24] 徐超，钱平雷.CCHC（持续照料社区）居家养老模式服务管理标准1.0[M]. 上海：上海科学技术文献出版社，2017.

[25] 应佐萍，桑轶菲."互联网+"背景下智慧养老研究 [M]. 沈阳：东北财经大学出版社，2019.

[26] 张本波. 人口老龄化 [M]. 北京：企业管理出版社，2019.

[27] 张宝锋. 河南省健康养老产业发展研究 [M]. 北京：中国经济出版社，2017.

[28] 仲利娟. 新时期社区居家养老服务合作供给机制研究 [M]. 长春：吉林大学出版社，2020.

[29] 周卿. 适老化产品与服务创新设计研究 [M]. 北京：北京工业大学出版社，2018.

[30] 张荣，赵崇平. "互联网 +" 居家养老体系建设研究 [M]. 北京：光明日报出版社，2019.